中公新書 2822

竹下大学著

日本の果物はすごい

戦国から現代、世を動かした魅惑の味わい

中央公論新社刊

はじめに

「果物が日本を動かしてきたなんて、そんなわけない！」と思うのは自然な感覚だ。

食べ物は一国の運命をも左右する存在である。たとえば、「主食」にあたる作物はその国の歴史にいとも簡単に影響を及ぼす。小麦が穫れる穀倉地帯をめぐっては、いつの世も争いが生まれてきた。古く栄えた四大文明でさえ、大河近くに発展した理由は、そこに「食べ物」を豊富に育てることができる土壌があったからといえる。日本においては米が不足するたびに打ちこわしや百姓一揆《ひゃくしょういっき》、米騒動が起こり、誇張でもなんでもなく政治が傾いた。

このように「食べ物」に少し注目してみるだけで、「食と歴史」というのは切っても切れない関係にあることがわかる。理由は「食と政治」も密接に結び付いているからだ。TPPによる輸入自由化や関税撤廃等に関する熾烈《しれつ》な議論が、今なお行われているのもそうだし、持続可能な農業の実現がSDGsの各目標に直結しているのも一例だ。

それこそ金融やエネルギーなんかよりも、よっぽど「食」の問題が政治に影響を及ぼしている。にもかかわらず、ふだん私たちは「食」についてあまり意識しないで過ごしている。

「食」の歴史や地域、作物の品種について知るということは、単に食べ物に詳しくなるだけではない。私たちがこれまで「常識」として教わってきた歴史や政治を、まったく別の角度から見ることにまでつながるのだ。これがたまらなく刺激的で興味深い。

私の専門は農作物や食品である。だからこそ、品種をとりまく問題や安全性の問題、また食料自給率など日本が抱える課題について論じたい気持ちもある。ただそれ以上に、これらの専門性から外れた領域にも知る価値のあるエピソードがたくさんあり、これを伝えたいのだ。


さて、肝心の「果物」ではどうだろうか。嗜好品《しこうひん》の立ち位置では、さすがに主食のように国の歴史や運命に影響を与えるようなことはないと思う人がほとんどだろう。

ところがまったくそうではない。むしろ「果物」のほうが、歴史との関わりという点では知れば知るほどおもしろい世界に誘ってくれる。

というのも、果物は私たちの主食ではない分、「贈答品」としての価値が非常に高いからだ。来賓をもてなす食事の最後には、必ずといっていいほど果物が提供される。まして果物は主要作物と比べて品種の特徴や地域の特色を打ち出しやすい。つまりその地域や国の印象を大きく左右する力を持っているのだ。

事実、明治の人は果物を富国の源泉と評した。

「山形県の特産物は?」と聞かれれば、多くの人がサクランボや「ラ・フランス」を挙げるのではないだろうか。しかし山形には日本五大和牛に数えられる米沢牛《よねざわぎゅう》があり、米でいえば「つや姫」という人気品種がある。でもこのとおり、実際には果物のほうが強く印象に残っている。甘いものを誰かと一緒に食べるとき、私たちはなぜか気を許しあう。これは、国賓や世界的なVIPを招くような重要な会議や行事においても変わらない。最高の果物が振る舞われ、そのおいしさに魅了されれば話も弾むばかりか距離も縮まり、また暗に国力を誇示する役割も担う。つまり、果物というのは「重要な場面」で活躍するという極めて特徴的な性質を持った食べ物なのである。

特に日本の果物はおいしいことで知られている。四季があり南北に長い日本列島の形状のおかげだ。しかし残念ながら、近年の経済不況も手伝って、果物が私たちの食卓に並ぶ機会は減少の一途をたどっている。と同時に、果物についてよく知る人まで少なくなってしまった。

『果物雑誌』第１号（1894年）（国立国会図書館蔵）

世界で類を見ないほど品種数が豊富で高品質な日本の果物。それゆえ日本の歴史にも影響を及ぼしてきた。なかには明らかに「果物が日本の歴史を変えた」と言える場面すら存在する。

本書では、柑橘類《かんきつるい》、柿、ブドウ、イチゴ、メロン、モモの6つの果物について取り上げ、これらが日本でどのような背景のもとで生産されるようになり、人と社会に影響を与えてきたのかを紹介する。

これまで果物というと、「どれがおいしい」「これは安全でこれは危険」などという話ばかりが先行してきたが、歴史との関わりは、食に関心のある人にとっても新鮮に映るだろう。逆に歴史好きの人ならば、「果物」という切り口で歴史を眺め直す楽しさを発見できるはずだ。その感覚を存分に味わってほしい。逆に、果物にそこまで関心がないという人には、まさに「私たちの生活に根づいた話」として、本書の気になったところだけでも覗《のぞ》いてみてほしい。

何であれ、新たな魅力に気づいてしまうと一気に親近感が増す。食べ物の場合には、そんな歴史があったのかと知るだけで急においしく感じられるようになるから不思議だ。

食生活が豊かになれば人生まで豊かになるもの。

果物を心でも味わい、あなたの食の時間がより鮮やかに彩られますように。

目次

第3章　ブドウ――謎の品種が日本で興した2つの産業――109

第5章　メロン——大隈重信が流行らせた明治貴族の食べ物——　227

図版作成・関根美有

第1章　柑橘――家康が愛して以来日本人を虜にした果物

日本における果物の歴史物語は、もっとも日本人を虜《とりこ》にしてきた品目から始めることにしよう。

総務省がまとめた都道府県庁所在市及び政令指定都市別の家計調査（2021〜23年平均）によると、2人以上の世帯あたりの生鮮果物に対する支出額の全国平均は、年間3万7028円である。このうち柑橘は、温州《うんしゅう》みかんだけで4297円、オレンジ、他の柑橘類を合わせて7105円と、第1位になっている。第2位のバナナが5472円で、第3位のリンゴは4587円と、1位との差は大きい。どうやら日本人はかなりの柑橘好きだといえそうだ。

4位以下は、イチゴ3501円、ブドウ3157円、キウイフルーツ2103円、ナシ1784円、スイカ1444円、モモ1110円、カキ1023円、メロン982円と続く。

このデータはみなさんの感覚に近いだろうか、それとも遠いだろうか。

1　柑橘ことはじめ

柑橘類の果実の特徴はあの「霧状の液体」にあり

柑橘類の果実の特徴は、果皮が強い芳香を放つ点だ。この香りのもとは果皮に点々と無数に存在する油胞《ゆほう》細胞がつくる精油成分である。子どもの頃、温州みかんを食べるたびに、むいた皮を指で折って飛ばした霧状の液体の正体がそう。あの遊びは、柑橘類だからこそさせてもらえたというわけだ。

そして油胞に着目するとおいしい実を選べるようになる。油胞の密度は品種によって違いはあるものの、同じ品種であれば密度の高い果実のほうが味がよい。

温室みかんの登場によって、青切りミカンはスーパーの店頭であまり見かけなくなった。色づく前の濃緑色のミカンを最後に食べたのは、いったい何年前のことだろう。その光景を正岡《まさおか》子規《しき》は17文字に写しとってくれている。

皮むけば青煙たつ蜜柑哉《みかんかな》

橙《だいだい》色《いろ》や黄色の表皮の内側には、アルベドと呼ばれる白い繊維質の組織があり、さらに内側には、多汁質のつぶつぶ（砂《さ》瓤《じょう》）ですき間なく満たされた袋（瓤嚢《じょうのう》）が放射状にいくつも並ぶ。この形状もまた柑橘類らしさを際立たせている。

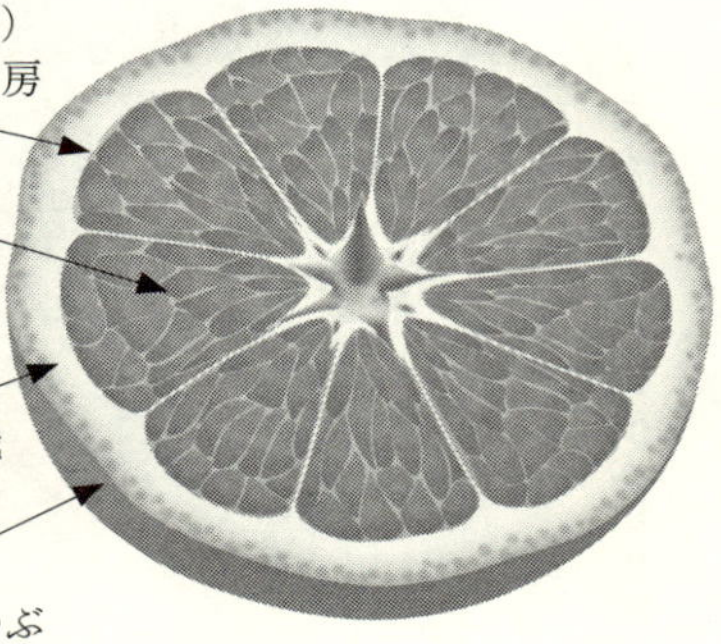

柑橘類の果実の断面図

柑橘（ミカン）の多様性

柑橘は果物のなかでもっとも多様性に富んでいる。温州みかんが含まれるマンダリン類、ブンタンのザボン類、ユズ類。それからオレンジ類、グレープフルーツ類、レモン類にキンカン類。奇妙なフォルムが目を引く「仏手柑《ぶっしゅかん》」が含まれるシトロン類も忘れてはいけない。くわえて、これらが交雑されて生み出された品種も無数にある。大は平均重量約２kgの「晩白柚《ばんぺいゆ》」から、小は15g程度のキンカンまで。植物分類学上の柑橘は多士済々《たしせいせい》、まさに個性の集合体だ。

日常生活における柑橘といえば、温州みかん、オレンジ、レモン、グレープフルーツなど、おなじみの名前が含まれるカンキツ属の品種を指す。また農業の世界では、カンキツ属、キンカン属、カラタチ属、その他３属の６属からな

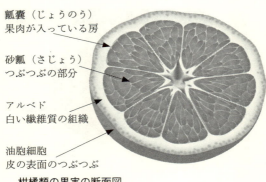

仏手柑（著者撮影）

ると定義される場合が多い。カラタチ属は前の2属とは異なり、私たちの食生活には関係ないように思えるが、カラタチの存在なくして日本の柑橘生産はなりたたない。なぜなら日本では、ほとんどすべての品種がカラタチに接ぎ木されていて、根の部分はカラタチそのものだからだ。カラタチを台木に使うと、それぞれの品種の耐病性や耐寒性を高めることができる。このためその使用比率はじつに95%を超えている。

　カラタチと聞いて、北原白秋《きたはらはくしゅう》作詞、山田耕筰《やまだこうさく》作曲の童謡「からたちの花」をつい口ずさんでしまった方もいるだろう。そのような方に、もうひとつだけお伝えしておきたい。カラタチは日本原産ではなく、奈良時代以前に中国からもたらされた外来植物だということを。

　カラタチは、唐橘《からたちばな》の略称がそのまま植物名となったのである。

なぜ室町時代まで九州以外には広まらなかったのか？

アジア大陸から九州に渡ってきた最初の柑橘としては、小みかん、ユズ、琉球《りゅうきゅう》経由で伝わったクネンボがあり、その後のダイダイ、柑子《こうじ》と続く。このうち小みかんはなぜか長い間九州以外に広まることはなかった。

『日本書紀《にほんしょき》』と『古事記《こじき》』で田道間守《たじまもり》が垂仁《すいにん》天皇の勅命を受け常世国《とこよのくに》から持ち帰った非時香菓《ときじくのかくのこのみ》だが、垂仁天皇は口にしていない。彼の帰国前に崩御していたためだ。『古事記』には、田道間守は垂仁天皇の皇后だった比婆須比売命《ひばすひめのみこと》に枝の半数を献上し、残りの半数は垂仁天皇の御陵に献じ、その場で慟哭《どうこく》し続けて絶命した、とある。

さて、このエピソードをプラントハンティング、すなわち海外から有用作物を導入した史実だと考えると、非時香菓のモデルが何であったのかが気になる。記紀には「橘《たちばな》」と明記されており、橘は生薬としても用いられたため、大昔はタチバナそのものだと思われてきた。

だが江戸時代後期には、本草《ほんぞう》学者である小野蘭山《おのらんざん》が『本草綱目啓蒙《ほんぞうこうもくけいもう》』で記しているように、非時香菓の橘と日本に自生しているタチバナとは異なると考えられるようになった。

1926年（大正15年）、柑橘分類の世界的権威である田中長三郎《たなかちょうざぶろう》が、「日本領土の野生柑橘に就《つい》て」という論文で、ダイダイ説を唱えた。その根拠は、ダイダイが記紀の時代以前に日本に存在していたこと、当時「橘」がいまでいう柑橘類の総称を表す文字であったこと。くわえて、九州、四国、本州に唯一自生していた柑橘であるタチバナを、わざわざ常世国から持ち帰る理由はない、との観点からであった。

一方、牧野富太郎《まきのとみたろう》は1940年（昭和15年）に刊行した『牧野日本植物図鑑』のなかで、小みかんであろうとしている。紀州《きしゅう》みかんに代表される小みかんは、温州みかん以前に広く栽培された品種で、平安時代には九州に到来していた。牧野は、タチバナにしてもダイダイにしても果実がそのまま食べるのに適していない点を、非時香菓にふさわしくない理由とした。

おいしい柑橘がまだひとつもなかった時代に突然小みかんが現れたのであれば、たしかに伝説として語り継ぐにふさわしい。だが、仮に門外不出の品に定められていたにしても、それほどのうまさを誇った品種が、室町時代末期になるまでどうして九州以外に広まらなかったのか。小みかん説には説得力に乏しい点もある。

ダイダイ説を提唱した田中は、正月飾りや鏡餅などダイダイの用途についても言及している。ダイダイには、実が落ちないことから1本の木に1年目、2年目、3年目の果実が同時につくことがあり、「代々」の読みを当てて子孫繁栄を願ったというわれもある。したがってしめ飾りにせよ鏡餅にせよ、正月飾りに使う柑橘は本来、温州みかんではなくダイダイが正しい。

私自身は、時を超えて神話の世界ともつながりそうなイメージのあるダイダイ派だ。とはいえ、そもそも非時香菓のモデルが実在したかどうかすら、未来永劫《みらいえいごう》わかろうはずはない。誰にも解けない謎ならば、逆に思い思いの説を楽しみたい。

さて、兵庫県北部、日本海にほど近い豊岡《とよおか》市には、田道間守の子孫が推古《すいこ》天皇の時代（592〜628）に創建した中嶋《なかしま》神社がある。ここには果祖となった田道間守が主祭神として祀《まつ》られている。中嶋神社では、毎年4月の第3日曜日に橘菓祭《きっかさい》とも呼ばれる例大祭が行われ、なぜか全国から多くの菓子業者が参拝に訪れる。

これは「菓子」という単語がもともとは果物を意味しており、後にいまの菓子が発達するにつれて菓子を指すように変化し、逆に果物のほうが「水菓子」と称されるようになったことから、田道間守がお菓子の神様ともなったためだ。中嶋神社の例大祭は、橘菓祭という名よりも菓子祭として広く知られている。

知られざるタチバナの存在感

日本でもっとも有名なタチバナの木といえば、京都御所紫宸殿《ししんでん》前の「右近橘《うこんのたちばな》」だろう。794年（延暦《えんりゃく》13年）の平安京《へいあんきょう》遷都の際に「左近梅《さこんのうめ》」とともに植えられて以来、その座を守り続けている。当初ペアとなった「左近梅」は、承和《じょうわ》年間（834〜848）あるいは960年（天徳《てんとく》4年）に枯れた際に桜に植え替えられてしまい「左近桜」に変わったが、タチバナは木自体は何度も植え替えられてはいるものの、右近のポストを他の植物に譲ったことはない。

明治維新により東京に移った皇居の宮殿では、1937年（昭和12年）から文化勲章の親授式が行われている。天皇陛下から受賞者に授与される白い星型の勲章は、タチバナの花がデザインされたものだ。文化勲章の実物を拝む機会に恵まれる人は稀《まれ》なはず。そんな私たちにとっても身近なところにタチバナのデザインは用いられていたりする。

1982年に登場した500円硬貨がそれだ。500円玉は表面の桐《きり》の花と葉の印象が強いが、裏面、500の数字の両側をよく見ると、実をつけたタチバナの枝に気づく。

日本列島最古の柑橘類・タニブターを知っているか？

柑橘類の原産地はインド東部から中国にかけてのヒマラヤ山麓だとされる。そして日本列島原産の柑橘類は、タチバナとシークヮーサーの2種だけだとされてきた。

タチバナは沖縄から伊豆《いず》半島までの太平洋沿岸に自生しており、国内最大の自生地は西伊豆の戸田《へだ》にある。シークヮーサーについては、1925年（大正14年）に田中長三郎が沖縄本島名護岳《なごだけ》等で調査を行い、翌年『植物研究雑誌』で「シークワシャー」と報告したのが最初だ。

ところが2021年（令和3年）に、この定説が覆される大発見があった。沖縄科学技術大学院大学によるゲノム解析によって、これまでタチバナの変種だと考えられていたタニブターが、沖縄だけに自生している新種であることが明らかにされたのだ。

タニブターは実が小さいうえに酸味が強いため、商品性はほとんどなかったのだが、一躍脚光を浴びることとなった。なぜならタニブターこそが、約200万年前に日本列島と大陸が切り離された際に登場した最初の柑橘だったからだ。さらに、シークヮーサーとタチバナの共通の父親（花粉親）であることまで判明したのである。

すなわちシークヮーサーは、4万〜20万年前に中国大陸南部湖南《こなん》省に生育し、何らかの形で琉球諸島に運ばれてきた「勝山《かつやま》イシクニブ」という野生種と、タニブターの雑種として生まれたもの。一方のタチバナは、中国産の別のマンダリンとタニブターがおそらく本州で出会って生まれた雑種起源のようだ。

長寿村日本一へと押し上げたのはノビレチン？

「ブルーゾーン」という言葉をご存じだろうか。ブルーゾーンとは、健康で長生きの人が多く暮らしている特別な地域のことをいう。最初に提唱したのはイタリアの疫学者ジャンニ・ペスで、イタリアのサルデーニャ島を指して作られた言葉だ。その後、日本の沖縄、アメリカ・カリフォルニア州のロマリンダ、コスタリカのニコジャ半島、ギリシャのイカリア島が加えられ、ブルーゾーンは世界5大長寿地域として知られるようになっている。

この沖縄で、特に名高いのが本島北部の山原《やんばる》だ。ここをはじめて訪れた人は、山原とジャングルが同義だと感じるはず。1981年（昭和56年）に新種だと確認されたヤンバルクイナも生息する。北部3村のうち大宜味村《おおぎみそん》は、1993年（平成5年）に自ら「長寿村日本一」宣言を採択している。

琉球大学平良一彦《たいらかずひこ》教授の「沖縄県長寿の検証」研究では、大宜味村の老人は、栄養状態の良好さを示すアルブミンの値がいつまでも高く、血液中のヘモグロビンの量も多いことがわかった。琉球時代から続く伝統的な食文化とライフスタイルが、この結果を支えている。

大宜味村は総面積の76％を森林が占め、それが海岸近くまで続くために平地が少ない。この海に近い古生層石灰岩でできた斜面こそが、シークヮーサーの自生地なのである。そのためかシークヮーサーは排水のよい弱酸性の土地を好む。シークヮーサーの「シー」は琉球語で「酸っぱい」、「クヮーサー」は「与える」の意味。国内生産量の99・9％以上が沖縄県産だ。

大宜味村はシークヮーサーの一大産地でもある。ところが私たちがイメージするミカン山、ミカン畑はどこにもない。一見すると山林にしか思えない土地に、山原の野生植物に紛れるようにしてシークヮーサーは植えられている。自然に繁殖した木も含めて、このワイルドな栽培環境で、県内の生産量の5割以上、すなわち日本の総生産量の5割以上を占めているのだ。

さて、ひとくちにシークヮーサーといってもメジャーなものだけで10以上の品種が存在する。なかでも「大宜味クガニー」「勝山クガニー」「カーアチー」が3大品種となっている。果汁が多いために生産量の約6割を占める「大宜味クガニー」のクガニーは「黄金色」、香りはよいが果汁の少ない「カーアチー」のほうは、「皮が厚い」という意味だ。

いまでこそシークヮーサーを使った加工食品は、いつでもどこでも買えるが、21世紀に入る前までは、とても考えられなかった状況だ。シークヮーサー人気に火をつけたのは、ノビレチンだった。ノビレチンはポリフェノールの一種であり、柑橘類の果皮に特徴的に含まれる。1998年に発がん抑制効果と慢性リウマチの抑制効果が、続く2000年には血糖値上昇抑制効果が報告されたのだ。さらに2020年（令和2年）にはヒト試験で認知症改善作用までが確認された。シークヮーサーに含まれるノビレチンの量は100g当たり267㎎。これは温州みかんの11・1倍に当たる。

2　日本の柑橘は小みかん（紀州みかん）で劇的に変わった

神武天皇に献上された小みかん

甘くおいしいミカンの元祖は、小みかんである。小みかん（小蜜柑）は、本蜜柑、真蜜柑とも呼ばれ、温州みかんが登場するまで、もっとも多く栽培された品種だ。中国から日本にいつ伝わったかは不明だが、日本でのルーツはおそらく八代《やつしろ》蜜柑であろうと考えられている。八代蜜柑が発見されたのは、熊本県南部の八代《やつしろ》である。八代には遣唐使船《けんとうしせん》が寄港したりもしたため、遣唐使船あるいは唐《とう》からの貿易船によって持ち込まれたようだ。

小みかん栽培が広まり出した時期は12～13世紀で、その中心は球磨川《くまがわ》最下流の八代郡《やつしろ》高田村《こうだむら》（現八代市）であった。そのため八代蜜柑は高田《こうだ》みかんとも呼ばれる。

1587年（天正《てんしょう》15年）4月、豊臣秀吉《とよとみひでよし》は島津《しまづ》征伐のために八代城（古麓城《ふるふもとじょう》）に4日間滞在した。このときに秀吉は、八代城から300ｍほどの悟真寺《ごしんじ》で高田みかんを食べ、その味を絶賛したという。江戸時代には、八代蜜柑は熊本藩細川《ほそかわ》家から朝廷や幕府への献上品となった。

熊本県以外で小みかんが栽培された古い記録が、大分県津久見《つくみ》市に残されている。豊後水道《ぶんごすいどう》に面し三方を石灰岩の岩山に囲まれた津久見は、質、量ともに全国トップクラスの石灰産地だ。『津久見柑橘史』には、740年（天平《てんぴょう》12年）に仁藤仁左衛門が青江松川《あおえまつかわ》に植え、その木を子

温州みかん（左）と小みかんの比較（写真・Citron ヨーコ）

孫の又四郎が1157年（保元《ほうげん》2年）に青江蔵富《あおえくらとみ》に移植するとともに増殖もしたとある。津久見には、神武《じんむ》天皇が上陸した際に柑橘を献上したという言い伝えも残り、柑橘栽培に早くから取り組んでいたことが窺《うかが》える。

又四郎が移植した木だとされるのが、現存する日本最古の柑橘の木としても知られる尾崎《おざき》小ミカン先祖木だ。1937年（昭和12年）に、国の天然記念物に指定されている。

青江川《あおえがわ》沿いの道路から北に登り、軽自動車も通れない蔵富の集落の道を抜け、幅50㎝に満たない石垣の上の小路を歩いていくと、ミカン畑にたどり着く。この畑を少し進めば、尾崎小ミカン先祖木に対面できる。主幹は枯れてなくなってしまっており、かつての威容は想像するしかない。が、又四郎が植えたであろう木の枝から再生した、樹齢850年を超える9本の樹《き》からもありがたみを感じられる。これらの先祖木はいまもたくさんの実をつけ、食べられる天然記念物として、津久見の地域おこしに貢献している。

小みかんが本州にいつ伝わったのかははっきりしない。1734年（享保《きょうほう》19年）に書かれた『紀州蜜柑伝来記《きしゅうみかんでんらいき》』には、1574年に伊藤孫右衛門《いとうまごえもん》が肥後《ひご》国（現熊本県）八代から苗木を糸我之庄（現和歌山県有田《ありだ》市糸我町《いとがちょう》）に導入したとある。有田側でも高田から持ち帰ったと同じ記録が残されているため、この内容については事実であったと考えられる。

いずれにせよ、この小みかん導入が、紀州が一大ミカン産地となる大きな一歩となった。

宝石並み？　室町時代の蜜柑の価値

私たちにとって身近な果物の大部分は、明治維新後に欧米から日本に入ってきたもの。それ以前の日本には、柑橘、カキ、ナシ、スイカぐらいしかなかった。小みかんである紀州みかんにしても江戸では、紀州有田から船で届くようになるまでは超貴重品であった。

蜜柑という単語が登場したのは室町時代。伏見宮貞成《ふしみのみやさだふさ》親王が書いた『看聞日記《かんもんにっき》』が記録としては最初で、１４１９年（応永26年）に第４代征夷大将軍《せいいたいしょうぐん》足利義持《あしかがよしもち》に蜜柑が２合贈られたとある。これは当時もっともおいしかった小みかんの可能性が高い。この頃の小みかんは直径５cmにも満たなかったはずで、当時の１升はいまの０・４升に当たるという説が有力であることから、せいぜい５～６個だろうか。京におけるミカンの価値は宝石並みだったのかもしれない。

徳川家康が自ら接ぎ木し駿府城に手植したミカン

静岡駅から北に歩いて10分足らず、静岡県庁は駿府城《すんぷじょう》三ノ丸跡にある。その東側、周囲を堀で囲まれたエリアが本丸跡であり、駿府城公園として開放されている。

駿府城は言わずと知れた徳川家康《とくがわいえやす》の居城だ。家康が築城し、１６０５年（慶長《けいちょう》10年）に秀忠《ひでただ》に将軍職を譲った後、1607年から75歳で死去するまでの10年間、この地から日本を動かした。隠居した際には紀州藩から紀州みかんの鉢植えが贈られたと伝えられている。

駿府城公園のほぼ中央には、「徳川家康手植のミカン」がある。ぐるっと一周フェンスに囲まれたそこには、樹高2m程度のミカンの木が5本植えられているように見える。まわりの4本は、400年前に家康が植えた木にはとても見えない。中央の1本だけがそれらしき木だろうと見当をつけて株元を観察すると、謎が解けた。

真ん中の木から長く横に伸びた枝が離れたところで地面につき、そこから発根して大きく育ち、まるで別の苗木を植えたかのように育っていたのだ。

駿府城にある家康手植のミカン（著者撮影）

家康自らが植えた木である。誰もがその木の健やかな成長を祈るばかりで、育つに任せるしかなかったはずだ。果樹の剪定《せんてい》という概念がなかった時代だとはいえ、枯らせないどころか枝を切ることすらもできなかったに違いない。

駿府の町奉行であった加藤勒負《かとうゆきえ》が1840年（天保《てんぽう》11年）に記した『名乎離曽の記《なおりそのき》』の巻之一には、次の一節がある。

「御天守台のこなたに、神祖御手づから接玉《つぎたま》ひしといふ蜜柑一樹あり、今猶《なお》存するといへどももとの木は枯朽《かれくち》て、今存する所の木は、彼の蘖《ひこばえ》なりといへり」

蘖はひこばえのこと。街路樹のイチョウを思い出してほしい。幹の根元から細い枝が何本も生えてくる。これがひこばえだ。家康が植えた紀州みかんはある年に幹が枯れてしまった。しかしひこばえは生き残ったため、そこからいまの姿にまで復活したのではないか。

2021年（令和3年）に静岡雙葉《ふたば》高校の生徒4名が、この木と「紀州みかん」のDNAが完全に一致することを確認してくれた。

ただし柑橘の同じ品種の木はすべてが接ぎ木をして増やされたクローンであり、同一のDNAを持つ。そのため駿府城公園の木が、家康が植えた「紀州みかん」そのものなのか、後の時代に植え替えられた「紀州みかん」なのかまでは特定しようがない。

名君が誕生したのはミカンのおかげ

1619年（元和《げんな》5年）、紀伊《きい》徳川藩の初代藩主となった徳川頼宣《よりのぶ》は、家康の10男で、家康が期待をかけた息子のひとりだ。徳川吉宗《よしむね》の祖父に当たる頼宣は、吉宗の陰に隠れてはいるものの名君として知られる。

和歌山がミカンの名産地になれたのは、この頼宣のおかげである。なぜなら平地が少なく米を増産しにくい藩の地形を逆手にとり、傾斜地でも育つ作物として、頼宣が小みかん栽培を奨励したからだ。さらに頼宣はミカン栽培の年貢を免除し、産業としての発展を促している。ミカン栽培は収入が不安定な漁師の副業ともなり、狙いどおり紀州は一大名産地として歩みはじめた。

頼宣は、ほかに漆器（黒江塗《くろえぬり》）と手漉《てす》き和紙（保田紙《やすだがみ》）も奨励し、あわせて江戸への販売に取り組んだ。徳川御三家というブランディングも功を奏したであろうことはいうまでもない。すなわち、小みかんに動かされた頼宣によって紀州藩は豊かになったといえる。

紀伊国屋文左衛門の蜜柑船は都市伝説

紀州から江戸へ荒れる海を越え、ミカンを運んで大儲《おおもう》けした紀伊国屋文左衛門《きのくにやぶんざえもん》の物語はよく知られている。紀伊国屋文左衛門は実在したものの、これについては後世の作り話。いわゆる都市伝説である。

ただモデルになったと思われる史実は存在する。

1734年（享保19年）に成立した『紀州蜜柑伝来記』には、1634年（寛永《かんえい》11年）に滝川原《たきがわら》村《むら》の藤兵衛が、400籠の小みかんを船で江戸に運んだと記されている。400籠は約6t、1籠半（約22・5kg）の値段が1両であった。当時の1両だと、三色団子が約1000本買え

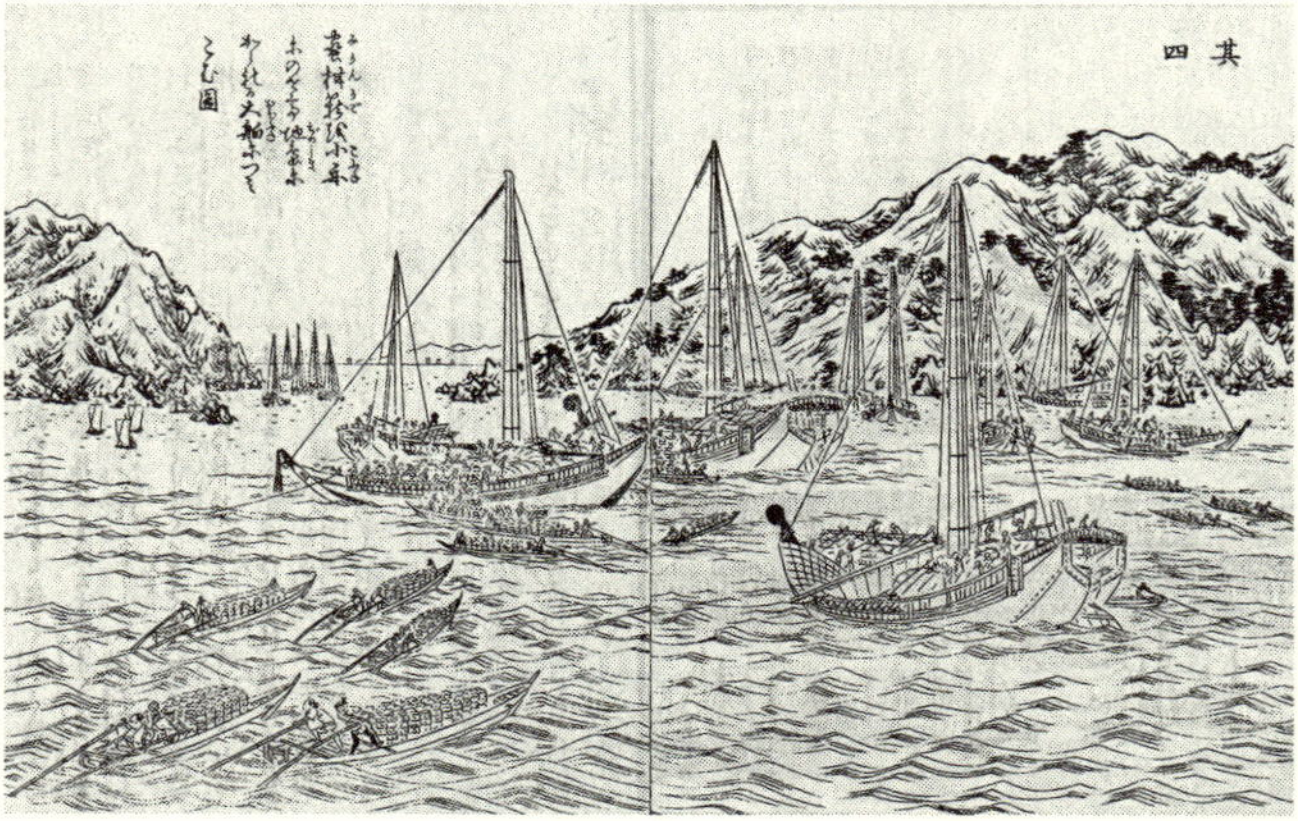

蜜柑籠を小舟で大船に積み込む図（『紀伊国名所図会』、国立国会図書館蔵）

る。小みかん1個30gとすると、1両分で750個。三色団子1本半分の価値だったことになる。

この頃の操船技術では、まだ熊野灘《くまのなだ》と遠州灘《えんしゅうなだ》を越えるのは難しく、命がけの挑戦であった。

当時江戸に届く柑橘といえば、伊豆などで生産された「柑子」や「クネンボ」などが主であった。これらの地域ではまだ小みかんは生産されておらず、味で圧倒した「紀州みかん」は、皮のむきやすさもあって江戸っ子を虜にした。京坂《けいはん》への出荷が主であった紀州みかんは、江戸への販路を新たに獲得し、ますます発展していった。

17世紀前半といえば、江戸の人口が１００万人を超えて世界一の巨大都市になった時期だ。

江戸末期ともなると、毎年約1万５０００ｔもの紀州みかんが江戸に出荷されていたという。この量は、江戸の全住民がミカンのシーズン中に毎日１個以上食べた量に相当する。

3 温州みかんとミカン産業

温州みかんを世界に紹介したのはかのシーボルト

温州みかんは日本人にとってもっとも親しみのある柑橘。これに異論は出ないだろう。温州と中国の地名がついてはいるものの、中国から導入された品種ではない。日本で発見された、正真正銘我が国オリジナルの品種なのだ。

温州みかんが発見された場所は、鹿児島県のほぼ最北端に当たる長島《ながしま》だとされる。長島は天《あま》草《くさ》諸島の南端、八代海《やつしろかい》（不知火海《しらぬいかい》）にちょうど蓋をするかのような位置で九州本島をつなぐ。天草諸島はすべて熊本県に属しているように思いがちだが、長島は鹿児島県の島である。

長島には遣唐使船が漂着した記録が残されており、このような際に入った種子が育ったのだろうとされてきた。温州みかんの存在は、遅くとも江戸時代初期には知られていたようだ。

長島発祥説を唱えたのは田中長三郎であった。詳細なフィールドワークと文献調査から、長島が古くは「仲島」や「大仲島」と呼ばれており、温州みかんが「仲島みかん」や「大仲島」と呼ばれていたことを根拠とした。また、1936年（昭和11年）に鹿児島県農事試験場（現農業開発総合センター）の岡田康雄《おかだやすお》が、長島で樹齢300年以上と推定される古木を発見したことも決め手となった。

なお、温州みかんの存在をはじめて海外に紹介したのは、長崎で鳴滝塾《なるたきじゅく》を開いたあのシーボルト。1835年に発表した『日本植物誌』のなかで、Nagashima-mikan と記している。温州みかんの名前が一般的になったのは、幕末から明治にかけてである。温州という名が使われたのは、1848年（嘉永《かえい》元年）に本草学者の岡村尚謙《おかむらしょうけん》が『桂園橘譜《けいえんきっぷ》』のなかで、「温州橘は俗に種なし蜜柑といふ」、と記したのが文献上は最古だ。

温州みかんの苗木がはじめてアメリカに持ち込まれたのは、1876年（明治9年）であった。日本茶を最初にアメリカに輸出した貿易商ジョージ・R・ホールによってであり、彼が Unshiu と名づけた。

続く1878年には、幕末から明治初頭にかけて駐日米国公使を務めたロバート・ヴァン・ヴァルケンバーグが、苗木をフロリダの自宅に送っている。日本で過ごした際に妻アンナが温州みかんをとても気に入っていたためだ。Satsuma と名づけたのはアンナの発案だったという。Unshiu よりも Satsuma のほうが定着し、これ以降大量の苗木が鹿児島県からアメリカに輸出されるようになった。

2016年（平成28年）に国立研究開発法人農業・食品産業技術総合研究機構（農研機構）は、ゲノム解析によって、温州みかんは紀州みかんにクネンボが交配されてできたと推定されると報告した。八代から長島までは、海路で約55㎞。小みかんが長島に伝わったのは早かったと考えられる。温州みかんは中国からやってきた種子ではなく、長島で小みかんとクネンボが自然交雑した種子起源であった可能性が高まった。

ペリー一行へのもてなし料理に用いられたクネンボ（九年母）

クネンボは漢字では九年母。インドシナ半島原産で琉球を経て日本にやってきた品種だ。

ペリー艦隊が大船団で2度目の来航をした1854年（嘉永7年）3月8日、日米和親条約の締結交渉開始時に、横浜応接所でペリー一行にふるまわれた饗応膳《きょうおうぜん》がある。この昼食は、ペリー一行300人と日本側の役人200人の計500名分、酒宴から始まる全90品を超えるフルコースの本膳料理であった。価格は1名分が3両。当時の1両を米価でいまの物価に換算すると約5万円になる。この日の昼食だけに7500万円ぐらいがかけられたというわけだ。

口取り肴《ざかな》に当たる硯蓋《すずりぶた》には、伊達巻鮨《だてまきずし》、うすらい鮨、河茸《かわたけ》・千切昆布、花形長芋、九年母、紅蒲鉾《べにかまぼこ》が並んだ。関東では、クネンボがおいしい柑橘の代表であったことを物語っている。

この会食の様子は高川文筌《たかがわぶんせん》によって描かれた。横浜応接所は、山下《やました》公園近く、横浜開港資料館のあたりに建てられていた。

ペリー側が贈り物として運んできた4分の1スケールの蒸気機関車を運転してみせたのは、それから13日後であった。

温州みかんは品種ではない

高川文筌「横浜応接場秘図」（真田宝物館所蔵）

和歌山県に温州みかんが導入されたのは、明治初期。逆にいうと、それまでは温州みかんが生産されることはなかった。果実に種子が入らない種なしの性質が、縁起が悪いと忌み嫌われたためである。子孫繁栄、子宝を授かりたいと願う気持ちは、当時それほどまでに強かった。

文明開化の世となり合理的な考えが広まるにつれて、温州みかんよりも小さいうえに種が多く入り酸味も強かった紀州みかんから、温州みかんへの切り替えが一気に進んだ。生産量は明治時代後半には逆転し、大正年間には温州みかんの生産量が大多数を占めるまでになった。

一方で、小みかんは鹿児島県の特産品として一部で栽培される程度にまで減ってしまっている。

日本一のミカンの生産地は、江戸時代から昭和初期までは和歌山県、その後１９６９年（昭和44年）までは静岡県、１９７０年には愛媛県に代わり、２

004年（平成16年）には再び和歌山県がその座を奪い返していまに至る。さすがは和歌山県。有田むき（和歌山むき）と、皮のむき方に地名を残しているだけのことはある。

有田むきとは、へそ側から4分割し、瓤嚢の固まりを果皮から外してそのまま口に放り込むスタイル。一房ずつ分けたりはしない。1個を4口で食べ終えるミカン農家の食べ方なのだ。多くの日本人には「ミカン＝温州みかん」と刷り込まれており、ミカンを多種多様な品種の総称として使うほうが稀だ。まして、温州みかんに品種が存在し、農水省が毎年集計する統計データには、温州みかんだけで117品種も記載されていることなど気づきようがない。だが、温州みかんの大産地では様子が異なる。

和歌山県の農産物直売所で驚かされるのは、柑橘売り場がやたら広く、温州みかんが品種名で何品種も並べられている点だ。9月中旬には出荷できる極早生《ごくわせ》の「ゆら早生」「日南《にちなん》1号」「上野《うえの》早生」「大浦《おおうら》早生」「YN26」に始まり、11月からは早生の「宮川《みやがわ》早生」「興津《おきつ》早生」「田《た》口《ぐち》早生」、11月末からは中生《なかて》の「向山《むかいやま》温州」「石地《いしじ》温州」「きゅうき」、12月から2月にかけては晩生《おくて》の「林《はやし》温州」「丹生《にう》温州」「青島《あおしま》温州」「大津《おおつ》四号」「今村《いまむら》温州」「古田《ふるた》温州」「植美《うえみ》」などなど。場合によっては温州みかんの表示すら見当たらない。

「ゆら早生」は、有田よりも南、由良町《ゆらちょう》三尾川《みおがわ》で1985年に山口寛二《やまぐちかんじ》が発見した「宮川早生」の突然変異による枝変わりだ。色づきが早く糖度が高いうえに瓤嚢膜が薄く柔らかい。同時期に有田川町《ありだがわちょう》で、田口耕作《たぐちこうさく》が発見した「興津早生」の枝変わり「田口早生」とともに生産量を伸ばしている。「興津早生」の新たな枝変わりとしては、県果樹試験場の調査によって「あおさん」という食味のよい極晩生品種まで得られている。発見者は湯浅町《ゆあさちょう》の湯川知明《ゆかわともあき》だ。

柑橘は品種改良が進み、文字通りバラエティに富んだ世界となった。１年を通じて多種多様な旬の品種を味わえる果物は、柑橘のほかにはない。とはいえ、いまだに温州みかんの収穫量は68万１６００tと、日本産柑橘全体の約7割を占めているのである。

早生温州「青江早生」が島を救った

温州みかんが東京神田《かんだ》市場にはじめて出荷されたのは、１８８１年（明治14年）である。その頃はまだ、温州みかんは年の瀬にならないと出回らなかった。それでも人気は高まるばかり。産地が広がり生産量が増えると、各地で枝変わりが出現し、早く色づく早生品種が発見されるようになる。早生温州の登場により、ますます温州みかんの消費は拡大していった。

その筆頭格は「青江《あおえ》早生」だ。大分県北海部《きたあまべ》郡青江村（現津久見市）の川野仲次が、１８９２年頃に１ヵ月早く色づく枝変わりを発見。当初は「川野早生」と呼ばれていた。

津久見は他の地域に先駆けて八代蜜柑を導入し、特産品化した先進的な柑橘産地である。この津久見ですら、八代蜜柑がいつから温州みかんに切り替わったかは伝えられていない。『津久見柑橘史』にも、八代蜜柑と温州みかんを名称上は区別しておらず、享和《きょうわ》年間（１８０１〜０４）に「八代蜜柑」の呼び名を「リウジン（李夫人）」に変えたと記されているため、これ以前にかなりの量が温州みかんに切り替わっていたと推定される。

ところが「川野早生」をメジャーにしたのは地元津久見ではなく、瀬戸内海に浮かぶ広島県の大崎下島《おおさきしもじま》であった。瀬戸内海航路の中継点、風待ち潮待ちの港として江戸時代から栄えた御手洗《みたらい》地区は、保存されたレトロな街並みで人気を集める。この大崎下島、商人は豊かだったが、農民は明治になっても貧しいままであった。斜面を切り拓《ひら》きモモの栽培に力を入れても儲《もう》からない。村長の秋光八郎は津久見で発見された早生温州に目をつけ、1902年に「川野早生」を導入。モモからの転作を進め、いち早く早生温州の産地化に成功したのである。このときに、発見地の名をつけて「青江早生」で売り出したことから、この名称が広く知れ渡った。

大崎下島は、1924年（大正13年）に日本ではじめて動力式柑橘選果機を導入したり、1927年（昭和2年）には日本初のミカン缶詰工場を開設したりと、先進的な取り組みを続けた。その結果、太平洋戦争の前までには、まるで島の斜面すべてが柑橘で覆われたかのような島に変貌したのだった。

みんな大好き缶ミカン（ミカン缶詰）はいつからか？

温州みかんの缶詰は1877年（明治10年）にはじめてつくられたとされるが、当時は外皮を手でむき、そのまま丸ごと缶に詰めて糖液を注入した商品だった。

ミカン缶詰が大ヒット商品になれたのは、あの袋状の薄皮（瓢嚢膜）がなくなり、砂瓢の固まりをそのまま食べられるという付加価値がつけられて以降だ。

剝皮《はくひ》ミカンの缶詰製造は、１９２７年（昭和２年）に加島正人《かしままさと》が成功させ、翌年から出荷を始めている。その場所こそが先ほどの大崎下島である。

薄皮の除去方法であるアルカリ剝皮法は、大阪市立工業研究所（現大阪産業技術研究所）の荒川驍《あらかわたけし》技師が、アメリカでアンズの処理に水酸化ナトリウム溶液を用いていたことを応用して完成させた。加島は独学でこの技術を産業化したのだ。

はたしてミカン缶詰は空前のヒット商品となった。各地に工場が建設され、温州みかんの缶詰は輸出品目にまでなったのである。昭和10年代には国内製造量の50％以上が輸出された。

加島の缶ミカンは、ある食品メーカーにも影響を及ぼしている。

加島が販売を依頼したのは、東京の中島《なかしま》商店（現キユーピー）であった。最初にイギリスへの輸出を成功させ、各国への販路を築いたのも創業者の中島董一郎《とういちろう》である。

中島は、すでに１９２５年（大正14年）に日本ではじめてマヨネーズを製造・販売していたが、マヨネーズのほかに海外から日本に伝えたい加工食品がもうひとつあった。ママレードである。廿日出要之進《はつかでようのしん》が１９３２年に旗道園《きどうえん》（現アヲハタ）を創業した際に、中島は全額出資する。廿日出は加島と同じ大崎下島出身で、加島のミカン缶詰製造を支えた人物であった。

旗道園の創業は、加島が中島の会社を通さずにミカン缶詰を輸出しはじめたことがきっかけとなった。加島への対抗策として、旗道園は翌年からミカン缶詰をつくりはじめ、１９３６年にはついにアヲハタブランドのオレンジママレードを商品化したのだった。

北原白秋のふるさとで発見された「宮川早生」

「青江早生」は温州みかんを1ヵ月早く出荷させる画期的な品種ではあったものの、栽培性に難があるうえに、先祖返りしやすく出荷時期が遅くなったりもする場合があった。そのため、より優れた早生品種の登場が待ち望まれていた。

新たな枝変わりは1915年（大正4年）頃に、目立った柑橘産地でもない福岡県山門《やまと》郡城内村《しろうちむら》（現福岡県柳川《やながわ》市）で発見された。それも医者の自宅の庭でだ。

医師宮川謙吉《みやがわけんきち》は、旧柳川藩主の家督を継いだ立花寛治《たちばなともはる》から、1902年（明治35年）頃に温州みかんの穂木を3本譲り受け、自邸内のカラタチに接ぎ木する。そして13年後に、このうち1本だけがなぜか毎年早く色づくことに気づいたのだ。

このきっかけを与えた立花寛治は伯爵であり、学農社《がくのうしゃ》農学校で4年間学んだ後に、1885年には国の三田育種場《みたいくしゅじょう》長補ともなった。学農社農学校は、津田仙《つだせん》が農業結社である学農社設立後、1876年に開校した日本初の農業教育機関である。津田塾大学を創設した津田梅子《うめこ》は仙の次女であるほか、仙は青山学院の源流となった3つの学校のうちの2つ、女子小学校と耕《こう》教学舎《きょうがくしゃ》の創設にも深く関わっている。

1年足らずで三田育種場が閉鎖されてしまうと、立花は翌年には柳川に戻って私設の中山《なかやま》農事試験場（立花家農場）を開く。農業による国利民福を目的として、独自で海外から導入した新品種を含む試作と普及、技術と情報の交流に邁進《まいしん》するのだ。道府県の農事試験場が設置されるよりも先だったのだから恐れ入る。

1918年、宮川は立花家農場主催第30回柑橘品評会に自分の枝変わりの果実を出品し、1等になる。1924年には田中長三郎によって、早く熟すうえに栽培しやすく収量も多い優れた品種だと確認され、「宮川早生」と命名されたのである。

日本のミカン産業発展にもっとも貢献した品種として、私は「宮川早生」をあげたい。2021年（令和3年）の作付面積は、温州みかん全体の21・5％を占め、いまだに1位の座を守り続けている。2位「興津早生」が11・9％であることからも、この偉大さが伝わろう。

「宮川早生みかん発祥の地顕彰碑」は、柳川城跡から北に約400mのところにある。川下りで案内されるうなぎ供養碑からも、北原白秋作詞の「まちぼうけ」の碑からも歩いてすぐだ。

柳川は北原白秋の郷里でもある。この水郷で生まれ育った「からたちの花」の作詞者、庭先でカラタチに接がれて生まれた「宮川早生」を庭先で発見した医師、そして故郷を農業で発展させようと私財をなげうった元藩主。三者の存在を今も身近に感じられる。立花氏の別邸であった「御花《おはな》」は下船場に隣接しており、立花家史料館や立花寛治が造った庭園がある。北原白秋生家・記念館も近くだ。

柑橘好きにとって、柳川の川下りは白秋と温州みかんを結ぶ極上の旅になる。

ポンジュースの商品名は「ボンジュール」から

ポンジュースといえば、果汁100%ならではのうまみの濃さと酸味の強さ、そしてテレビCMでの「ぽん！　じゅううす〜！」のフレーズが脳裏に焼き付いている人も多いはず。

ポンジュースのポンはニッポンのポン。日本一のジュースになると誓ったブランドだ。名づけ親は、愛媛県知事でミカン振興に手腕を振るった久松定武《ひさまつさだたけ》。三菱《みつびし》銀行ロンドン支店での勤務経験がある久松だけに、フランス語の「ボンジュール」の響きに寄せたとも伝えられている。

ポンジュースを世に送り出したのは、愛媛県青果販売農業協同組合連合会であった。そのきっかけは、創設者であり会長であった桐野忠兵衛《きりのちゅうべえ》が、1951年（昭和26年）にアメリカのジュース工場を視察した際に生まれた。桐野は、味が劣るわけではないのに買い叩《かた》かれたり廃棄されたりしていたサイズの小さい温州みかんをジュースに加工すれば、ロスを減らせるうえに一年中出荷が可能になると気づいたのだ。

桐野の行動は早かった。翌1952年に果汁加工事業を開始し、ポンジュース発売にこぎつける。最初の商品は、温州みかんと夏みかんをブレンドし、果汁は10%であった。

1953年には、表記がPONからPOMに変更された。これは果樹園芸学の英名であるpomologyにちなんだためらしい。

果物のジュースへの加工など当たり前の発想に思えるが、日本で果実飲料の発展が遅れたのには理由がある。１９００年（明治33年）に政府が果実飲料と炭酸飲料を対象とした内務省令を制定し、希釈せずに飲料に供するものは、混濁、沈殿物がないことに加えて防腐剤の使用を認めないことに決めていたためだ。目的は安全性に問題のある国産果汁飲料の流通を防ぐためであった。これが日本で果汁不使用の清涼飲料や粉ジュースが先に普及した理由である。

3代目ポンジュースとチクロ騒動

１９６９年（昭和44年）3月には、ついに国産天然果汁を１００％使用した3代目「ポンオレンジジュース」を発売。しかし消費者からは酸味が強すぎて飲みにくいと不評を買い、この改良商品は思わぬ逆風にさらされてしまう。

ポンジュース発売以来、着々と増やし続けてきたファンを一気に失いかねない危機に、突如追い風が吹いた。チクロ騒動である。

人工甘味料チクロの日本での使用は、食品添加物として認可された１９５６年から始まった。だが、ＦＤＡ（アメリカ食品医薬品局）によって発がん性が指摘され、１９６９年10月にアメリカやカナダで使用禁止となる。日本でも翌11月から全面使用禁止となり、大混乱になった。

チクロは砂糖の約40倍の甘味を持ちながらノンカロリー、しかも砂糖よりも安く水に溶けやすい。騒ぎが大きくなったのは、清涼飲料や粉ジュースの原料によく使われていたからである。

このときのチクロ騒動が、多くの日本人の心に食品添加物に対する悪い印象を植え付け、いまだに食品添加物を一律に悪者扱いしてしまう風潮のもとともなっている。

チクロについて補足すれば、後に適切な使用量を守れば安全性の問題がないことが国際的に認められ、現在も使用を禁じているのは、アメリカ、日本、韓国ぐらいである。他の国では、糖尿病患者用、糖尿病予防用の甘味料として、チクロはふつうに用いられている。

話をポンジュースに戻そう。

大騒ぎしたのは消費者だけではない。チクロを使用した商品は売れなくなる。流通在庫の問題と商品リニューアルに追われた食品メーカーや小売店も、チクロ騒動への対応を迫られた。こうなれば消費者も小売店も、味よりもチクロ不使用を優先する。かくして3代目ポンジュースは空前の大ヒット商品となったのだ。

だが1992年（平成4年）のオレンジ果汁輸入完全自由化が原因で、それまで果汁飲料の商品化に消極的だった大手飲料メーカーが、いっせいに輸入果汁を用いた新商品を充実させた。そのためポンジュースの存在感は低下してしまったのであった。

オレンジ輸入自由化と温州みかんの底力

温州みかんの1人当たりの消費量は、1973年（昭和48年）に史上最高を示した。果皮も含むその量23・1kg。シーズン中に誰もが200〜300個食べていた計算になる。いまとなってはとても信じられない。2021年（令和3年）の消費量は、3・3kgにまで減っている。

１９４１年、太平洋戦争開戦と同時に臨時農地等管理令が施行され、果樹類を伐採してイモやムギを植えることが奨励された。柑橘類は急斜面に植えられていたため、伐採をまぬがれた。戦後、果樹のなかで温州みかんがいち早く生産量を回復することができたのはこのためだ。

さらに１９６１年の農業基本法と果樹農業振興特別措置法の制定により、特にミカン栽培は手厚く保護された。だが生産量が需要量を上回るようになると、お決まりの悲劇的な展開が待っている。大豊作となった１９７２年に生産過剰によって出荷価格が大暴落したのだ。これにより温州みかんは果汁への加工と、他の柑橘への切り替えや転作が進んだ。

しかし海外産の濃縮果汁が国内に入ってくるようになると、農協系の果汁工場は次々と閉鎖に追い込まれた。

ところが青果のオレンジ輸入においては、青果の温州みかんに対する悪影響は小さかった。オレンジの輸入量は１９９４年（平成６年）までは増加したものの、２００４年には自由化前を下回ってしまったのである。青果の輸入自由化によって市場を奪われた国産レモンや、輸入グレープフルーツによって大きなダメージを負った夏みかんのようなことは、温州みかんでは起き得なかった。

オレンジは皮がむきにくく、食べる際に手が汚れ、味が濃いため食べ飽きる。温州みかんに慣れ親しんできた日本人にとって、オレンジはたくさん食べたい果物とはならなかったのだ。

紀州有田みかんの光景

有田市の中心街は、紀勢《きせい》本線箕島《みのしま》駅周辺だ。駅前の大通りを南に進むとすぐに有田川《ありだがわ》に突き当たる。その角にあるのが、文化福祉センターに併設された有田市郷土資料館・みかん資料館である。昭和40年代から50年代にかけて甲子園を沸かせた箕島高校も近くにあり、有田川に接している。主な施設がすべて有田川のそばにあるのは、それだけ平地が少ないからだ。

有田川は高野三山《こうやさんざん》のひとつ楊柳山《ようりゅうさん》を水源とし、和歌山湾に注ぎ込む。河口近くの有田川町から有田市にかけては、北側の南斜面（陽地）と南側の北斜面（陰地《おんじ》）が柑橘の木に覆いつくされ、まるでミカンの大渓谷だ。南側の稜線《りょうせん》には有田みかん海道と名づけられた道が走り、途中の展望台からは有田の景色を一望できる。

この場所からの光景だと思われる一節が、有吉佐和子《ありよしさわこ》の小説『有田川』の第5章にある。

> 五月に入ると川添いの山々の鮮やかな緑を掩《おお》って蜜柑の花が一斉にまっ白に咲きさかる。田地百姓は麦刈りに余念のない頃だが、蜜柑百姓たちは花の香に酔ったように浮き足立つ季節なのである。蜜柑の花の匂は、その慎《つつ》ましやかな色と形に似合わない濃厚なものであった。迫るように甘く、まるで女の肌を想《おも》わせるような香りが、陰地からも陽地からも噎《む》せ返《かえ》るように溢《あふ》れ、有田川の流れと共に川下へ流れて行き、その匂は遠く淡路島《あわじしま》までも聞こえると云われるほどであった。

温州みかんの花の匂いは、非常に強く濃厚でジャスミンに通じる甘い香気だ。農薬の代わりに香水を散布したかのような季節。箕島高校の野球部員たちもそわそわしたりするのだろうか。

みかんで全国から就職希望者を集める早和果樹園

「６次産業化」という言葉が農業政策に取り入れられたのは、２００９年（平成21年）であった。第１次産業だけではなく、第２次産業である食品加工と第３次産業である流通・販売にまで農業者自身が関わることによって、所得を向上させようという考えだ。６次産業化は構想としてはよいのだが、期待したレベルでの成功事例はわずかにとどまる。

そもそも農業者は一匹狼《いっぴきおおかみ》の経営者がほとんどである。生き物相手、お天道様相手の仕事であるうえに、右腕となる社員すらおらず、農閑期を除けば、24時間労働を続けているようなものだ。サラリーマンのように、役割分担しながら新たな計画を立てたり試したりといったことが、時間の観点からだけでも非常に難しい。

数少ない成功事例のひとつが有田市にある。２０００年に設立された早和《そうわ》果樹園だ。ショップ併設の本社、隣には新工場と、ここだけ見ればヒット商品を出して急成長した食品メーカーそのもの。生産している農作物に付加価値をつけるためではなく、自社商品に付加価値をつけるために青果を生産するという考えが隅々まで行き届いている。

ところが早和果樹園は、全員がミカンづくりのことしか知らない7戸のミカン農家が集まり、夫婦14名によって始められた会社なのである。

1979年（昭和54年）、彼らは所属していた共撰《きょうせん》組合を抜け、自分たちだけで新たな共撰組合を作り、独自の取り組みを始める。それも全員が産地の若手リーダー格、親たちが作った組合を抜けての決断だった。そのときの風当たりの強さは想像に難くない。

付加価値で勝負すると決めた彼らは、6月から出荷できる温室ミカン栽培に有田で真っ先に取り組み、ミカン不況下でも収益を上げてみせた。その次のステップが法人化だったのだ。仲間に共撰組合から会社組織にしようと提案した、早和果樹園初代社長秋竹新吾《あきたけしんご》はこう語る。

「有田みかんの生産者は5000戸ありましたが、法人化したのは私たちがはじめてでした。会社勤めすらしたことがない私は、55歳でいきなり社長になってしまったのです」

いくら「みかんで生きる！」と決めた仲間との会社だとはいえ、社長は重責である。その際、相田《あいだ》みつをのこの言葉に支えられたそうだ。

「ともかく具体的に動いてごらん。具体的に動けば具体的な答が出るから」

2004年、早和果樹園は初の加工食品であるこだわりのジュース「味一しぼり」（現味こいしぼり）を発売する。原料には有田みかんの最高級グレード「味一みかん」だけを用い、果皮ごと搾る一般的なやり方ではなく、外皮をむいた後で搾るチョッパー・パルパー方式とすることで、差別化した。

だが、味のよさは誰もが認めてくれるのにまったく売れない。いつもミカンを高値で買ってくれる築地《つきじ》市場は無関心、高級品を取り扱いなれている東京の百貨店ですら手を伸ばすお客はいなかった。ところが最後の頼みと持ち込んだ和歌山県のアンテナショップで、飛ぶように売れたのである。お土産市場こそが自分たちの主戦場だと気づいた瞬間だった。

「有田みかんの代表だと皆に思ってもらえるようになって、ようやく会社を軌道に乗せることができました。「味一しぼり」は県庁の知事室に常備されて、知事が来客にお茶代わりに勧めてくださったことから、大きなビジネスにつながったこともありました」

これ以降は毎年のように新商品を発売するとともに、通信販売事業も開始する。

さらに2015年からは、廃棄していた外皮の漢方薬の原料「陳皮《ちんぴ》」への加工に着手。技術開発を重ね、漢方薬メーカーが欲しがるスペックを達成し、全量出荷を実現している。

「原料であるミカンの利用率は98%までできました。廃棄率ゼロにすることがいまの目標です。そのために新工場の建設も予定しています」

早和果樹園の売り上げのうち、青果ミカンの比率は20%を切っている。一方で、自社開発した商品のアイテム数は40を超えた。

いまや早和果樹園には県外から就職を希望する若者が後を絶たない。彼らの目には、外部の若い人材の力で「農」を核にして地方を元気にする先進企業だと映っているに違いない。

静岡県の温州みかんで骨粗しょう症予防

富士山《ふじさん》をバックに、天日干しされた桜えびで濃いピンクに染まる富士川《ふじかわ》の河川敷は、春と秋の風物詩だ。桜えび漁は1894年（明治27年）に、由比町《ゆいちょう》（現静岡市清水《しみず》区由比）の漁師がアジ漁の網につける浮き樽《だる》を忘れ、そのまま網を下ろして偶然獲《と》れたことから始まった。

静岡県で本格的に紀州みかんを栽培した場所こそ、ここ由比なのである。林香寺《りんこうじ》の厳城和尚が、1786年（天明《てんめい》6年）に故郷の紀州から苗木500本を取り寄せたと伝えられている。

温州みかんが植えられたのは1800年前後、場所は焼津《やいづ》の北の三輪《みわ》（現藤枝《ふじえだ》市岡部町《おかべちょう》）のようだ。その後、明治以降に、清水《しみず》、沼津《ぬまづ》、三ヶ日《みっかび》などに産地が広がっていった。

静岡県一のミカン産地といえば、浜名湖《はまなこ》の北に位置する三ヶ日町《みっかびちょう》だ。三ヶ日町に紀州みかんが入ったのは、享保年間。平山《ひらやま》の山田弥右衛門《やまだやえもん》が、西国巡礼の際に那智《なち》地方から紀州みかんの苗木1本を持ち帰り、自宅に植えたのがはじまりらしい。

三ヶ日がミカン産地として知られるようになるのは、同じく平山の加藤権兵衛《かとうごんべえ》が、天保年間に三河《みかわ》（現愛知県東部）から温州みかんを導入して以降である。明治に入ってから一気に生産量を伸ばした。1912年（大正元年）には大崎下島から「青江早生」を導入している。

1918年に三井《みつい》財閥により設立された開南組《かいなんぐみ》柑橘園によって、三ヶ日はミカン産地として飛躍的な発展を遂げる。専任技術者の中川宗太郎《なかがわそうたろう》によって栽培技術が向上したことに加えて、共同出荷に切り替えたことが大きい。これはそれまでの、ある木に実った分すべてを特定の人に売る立木売りや、ある面積分すべてを特定の人に売る山売りから、どこから収穫しようが構わない重量売りに転換するという画期的な方法であった。こうして三ヶ日の生産者は、卸業者に対してようやく価格交渉力を持てるようになった。

静岡県の主力品種は「青島温州」だ。静岡市福田ヶ谷《ふくだがや》の青島平十《あおしまへいじゅう》が1935年（昭和10年）頃に、「尾張《おわり》温州」の枝変わりを発見した。甘くて味が濃いために、「尾張温州」以上の人気品種に育った。駿府城公園北側のマロニエ園には、青島平十翁之像がある。

「青島温州」は12月中旬から出荷され、瓤嚢膜が厚いのが特徴であるため、他の品種から「青島温州」に切り替わったことに気づきやすい。

β-クリプトキサンチンは、温州みかんに特異的に多く含まれているカロテノイドの一種だ。2003年（平成15年）から10年間、三ヶ日町の住人1000名に対してβ-クリプトキサンチンの疫学調査が行われた。この三ヶ日研究の結果、温州みかんを多く食べると、骨粗しょう症の発症リスクが抑えられ、生活習慣病やがんの発生リスクも低減することが明らかになった。

JAみっかびの温州みかん「三ヶ日みかん」は、2015年に機能性表示食品として初めて受理された生鮮食品である。

1946年に発表された童謡「みかんの花咲く丘」の舞台もまた、静岡県だ。作詞した加藤《かとう》省吾《しょうご》は、伊豆伊東《いとう》のミカン畑を思い浮かべて20分ほどで詩を作ったそうだ。

小田原だからこそ生まれた冷凍みかん

列車の旅で買ってもらった冷凍みかん、給食でたまに出てきた冷凍みかん。どちらも夏の思い出として多くの人の記憶に刻まれているはずだ。

冷凍された温州みかんがはじめて販売されたのは１９５５年（昭和30年）、小田原《おだわら》駅構内の売店キヨスク（キオスク）でであった。商品を卸したのは小田原市国府津《こうづ》のミカン専門問屋井《いの》上《うえ》商店（現株式会社井上）である。井上商店は温州みかんの生産をしつつ、卸販売もしていた。社長の３代目井上仙蔵が、夏にも温州みかんを売ろうとして開発したのが、冷凍みかんなのだ。

小田原は漁業で発展した町である。巨大な冷凍倉庫も存在した。井上仙蔵は大洋《たいよう》漁業（現マルハニチロ）とともに、マグロの凍結技術を応用して冷凍みかんを発明した。

冷凍みかんは表面に薄い氷の膜が張っている。これは果肉の乾燥を防ぐため。一度凍らせた温州みかんを、わざと冷水にくぐらせて氷の膜を作り、氷漬けの状態で保存しているのだ。

井上はこれ以前、１９３２年に箱売りが当たり前だった温州みかんで、画期的な売り方を考案している。鉄道弘済会に小分けした温州みかんを卸しはじめた際に、漁網を使った小袋を開発し、これに入れて販売したのである。漁網でできた小袋は冷凍みかんにも用いられた。

株式会社井上では、いまも毎年５００万個の冷凍みかんを学校給食用に出荷している。

4　個性派揃いの中晩柑

ある海から流れついた夏みかん

中晩柑《ちゅうばんかん》とは、温州みかんのシーズンが終わった後に登場する柑橘の総称である。つい顔をしかめてしまうほど酸っぱいけれども、果汁たっぷりの大きなミカン。初夏の暑さを忘れさせてくれたあの酸味。夏みかんと聞くと、水平方向に半分に切り、砂糖をかけて先がギザギザのスプーンですくって食べた記憶が蘇《よみがえ》る。

島崎藤村《しまざきとうそん》の詩「椰子《やし》の実」にあるように、海から流れ寄る果物といえばココヤシの果実ぐらいだと思いがちだ。

ところが夏みかんは、まさにこのとおりに登場した。日本海に面した山口県長門《ながと》市青海島《おうみじま》の大日比《おおひび》集落。海岸で見たことのない柑橘を西本《にしもと》チョウが拾ったところから物語は始まる。時は1770年代のはじめ頃だったという。中国から流れついたのだろうか。チョウがこの実から取ったタネを播《ま》いて育てた木が、夏みかんとなり、明治から昭和初期にかけては温州みかんに次ぐ生産量を誇る人気品種になったのだ。

ただし最初の頃は、酸味が強すぎて積極的に食べられることはなかった。食酢やユズの代わりや観賞用として、せいぜい庭に1本植える程度の扱いであった。

夏みかんの価値が認められたのは、文化年間《ぶんか》（1804〜18）初頭に、「夏橙《なつだいだい》」と名づけられ、萩《はぎ》に住む武士の楢崎《ならざき》十郎兵衛に送られてからだ。色づいてすぐに食べるのではなく、夏まで待つと酸味が減りおいしくなることに気づいたのが転機となった。吉田松陰《よしだしょういん》の松下村塾《しょうかそんじゅく》にも夏橙は植えられている。萩での商業生産は、1862年（文久《ぶんきゅう》2年）には始まっていた。

萩の中心街にある城下町エリアは、古い屋敷が並び「土塀と夏みかんのまち」として観光客に人気だ。このような萩ならではの景観をつくったのは、元長州《ちょうしゅう》藩士の小幡高政《おばたたかまさ》である。小幡は1876年（明治9年）の萩の乱後に困窮した旧長州藩士を救うために、夏橙に目をつけ萩の特産品とすべく普及活動に邁進する。同年には士族授産結社「耐久社《たいきゅうしゃ》」を設立、自らも夏橙栽培を始めた。耐久社では1877年に1万本の接ぎ木苗を作って士族に配布し、武家屋敷の庭や空き地などあらゆる場所に夏橙を植えさせ、どこにもない特産品の生産体制を整えた。関ヶ原《せきがはら》の戦いで負け大きな領土を失った長州藩毛利《もうり》家は、幕末には加賀《かが》藩前田《まえだ》家に次ぐ財力を誇るまでになっていた。米、紙、塩、蠟《ろう》の生産奨励、いわゆる「防長四白《ぼうちょうよんぱく》」によってである。この成功体験と夏みかんの存在が、旧長州藩士を動かした。

1884年に「夏橙」から「夏蜜柑」に改名したことも奏功し、小幡の狙いどおり夏みかんが萩を復興させたのである。明治30年代には、萩町の総予算の8倍以上もの金額を夏みかんが生み出していたという。

1927年（昭和2年）に国の天然記念物に指定された夏みかんの原木は、いまも大日比の西本邸にある。萩から広まった夏みかんは、１８７６年には和歌山県、１８７９年には愛媛県でも栽培が始まった。

伊予国《いよ》（現愛媛県）生まれの正岡子規は、夏みかんの句も残している。

故郷近く夏橙を船に売る

だが、かつてあれほど身近だった夏みかんを見かけなくなったのは、いつ頃からなのだろうか。人気を失った理由は、身内からと外敵からの２つある。

まずは昭和初期に発見された枝変わりの「甘夏」の登場だ。次に１９７１年のグレープフルーツの輸入解禁である。これらによって夏みかんは店先から姿を消した。

「甘夏」は、１９３５年頃に大分県津久見市上青江《かみあおえ》の川野豊《かわのゆたか》の農園で見つかった、夏みかんよりも早く酸が少なくなるのが特徴の突然変異だ。「川野《かわの》夏橙」と名づけられて１９５０年に種苗登録された。１９５９年には東京に初出荷され大評判になっている。こうして夏みかんから甘夏への切り替えは一気に進み、ハッサクに抜かれるまで甘夏は温州みかんに次ぐ生産量を誇った。

ハッサク人気のきっかけは銀座千疋屋

瀬戸内《せとうち》三海道といえば、瀬戸内しまなみ海道、安芸灘《あきなだ》とびしま海道、上島《かみじま》ゆめしま海道を指す。ミカンの缶詰をはじめて作った大崎下島はとびしま海道に含まれる。広島県尾道《おのみち》市と愛媛県今治《いまばり》市を結ぶしまなみ海道の因島《いんのしま》では、ハッサクが発見されている。ハッサクは村上《むらかみ》海賊の拠点で生まれた品種だったのだ。ただ、2021年の収穫量は71・4％が和歌山県産となっている。

万延《まんえん》年間（1860～61）、因島南部にある浄土《じょうど》寺の恵徳《えとく》上人が寺領に生えてきた柑橘の実のおいしさに気づく。恵徳上人は早速この苗木を増やして売り出した。が、皆が登場したばかりの夏みかんに夢中になっていた時期で、この品種が広まることはなかった。

旧暦の8月1日を表す八月朔日《ついたち》頃から食べられる品種との意味で「八朔《はっさく》」の名が与えられたのは、1886年（明治19年）。しかしハッサクの評判がようやく高まり出したのは昭和初期になり、銀座千疋屋《ぎんざせんびきや》が取り扱いはじめてからである。

あの何ともいえない苦味がたまらない。ハッサク好きは皆こう口を揃《そろ》える。

広島土産の人気商品のひとつに「はっさく大福」がある。知名度と流通量では「いちご大福」に及ばないものの、おいしさでは肩を並べる存在だ。ハッサクを白餡《しろあん》とミカン餅で包み、イチゴにはない苦味を絶妙に引き出した味に虜になった食通も多い。

この「はっさく大福」を発明したのが、因島生まれの柏原伸一《かしはらしんいち》だ。目的は、因島の果樹農家が儲からない状況を変えるため。「はっさく大福」を商品化したのは1989年（平成元年）。11年後に世界的ソムリエの田崎真也《たさきしんや》が絶賛したことで全国に知られ、尾道名物となった。

もち菓子のかしはらの「元祖はっさく大福」は、味にこだわり抜いた因島産ハッサクだけを使っている。看板商品であれ、品質のよいハッサクが確保できない時期には販売を休止する徹底ぶりは、いまも変わらない。

国による柑橘育種の出発点、興津試験場

東海道《とうかいどう》本線興津《おきつ》駅の、東京寄りの線路沿いのすぐ北側に古めかしい門柱が立っている。いまはほとんど使われていなそうなこの門からは、老いたプラタナスの並木が奥へと誘う。ここは国の施設、農研機構果樹研究所カンキツ研究興津拠点だ。

国の農事試験場園芸部の農場が、静岡県興津町に開設されたのは1902年（明治35年）。興津駅開業から13年目のことだった。初代場長は、リンゴ産業の発展に貢献したことで知られる恩田鉄弥《おんだてつや》だ。育種については、缶詰用のモモが1910年から、カキが1938年（昭和13年）から、柑橘は1939年から始められた。

興津試験場で育成された柑橘の2大ヒット品種は、「興津早生」と「清見《きよみ》」である。

「興津早生」は「宮川早生」の改良品種で、1940年に交配され1963年に命名登録された。親は超えられなかったものの、いまだに温州みかんで2番目、つまり柑橘全体でも2番目

の栽培面積を守り続けている。

一方の「清見」は二刀流の大活躍を見せてくれている品種だ。自身が大ヒットしたのに加えて、優れた品種を数多く産んできている母親としての貢献は計り知れない。「清見」は1949年に「宮川早生」に「トロビタ」オレンジを交配して育成され、命名登録は1979年だ。温州みかんにオレンジの香りを取り込んだはじめての品種なのである。「清見」の母親が「宮川早生」であることも覚えておきたい。

「清見」の名は、興津試験場から近い清見寺《せいけんじ》にちなんで名づけられた。清見寺は、今川《いまがわ》氏の人質となっていた家康が、6歳頃に勉学に励んだ大名刹である。家康は駿府城に隠居してからも清見寺をたびたび訪問したほど、この寺への思いが強かった。

次世代の柑橘の楽しみ方は香りにあり

興津拠点の場内を案内してくれた柑橘育種の担当者はこう語った。

「他の果物にはない、柑橘ならではの価値は香りだと思います。柑橘は香気成分が多いうえに複雑で、いろいろな香りがしますから。ブドウはワインにしないと香りを楽しめませんけれど、柑橘は生のままで楽しめます」

民間の育種会社の取り組みを意識してか、こうも付け加えてくれた。

「やっぱり消費者に自分の好きな品種を選んで買ってもらえるようにしたいです。農研機構では育成品種を出しっぱなしにしてきました。柑橘の場合は、コーヒーの味の違いを示すチャートのようなものを作れたらなと思います。品種については、11月から収穫できる香りのよい早生品種を早く育成したいですね。まだ「みはや」ぐらいしかありませんから」

「みはや」は農研機構が育成した品種で、「興津早生」に「アンコール」「清見」「伊予柑《いよかん》」の血が入っている。

興津拠点には「清見」の原木があり、若々しく枝を広げている。いくつかの枝にその年に何かの花粉を交配した目印がついているのを見て、妙にうれしくなってしまった。

「この木だけは何があっても枯らせられません」

彼の言葉に、「清見」に対する敬愛と120年の伝統を守る重圧を感じた。

タンゴールとは温州みかんとオレンジの交配種

「清見」のような、温州みかんとオレンジの交配種をタンゴールと呼ぶ。タンゴールとは、温州みかんのタンジェリン tangerine の tang と、オレンジ orange の or をつなげた造語である。温州みかんにはない香りとその強さが特徴だ。「清見」の登場以降品種改良が加速し、人気が高まっている。

現代のタンゴール品種は、収穫量上位から「不知火《しらぬい》」3万8854・1t、「清見」1万3123・2t、「肥《ひ》の豊《ゆたか》」7731・5t、「はるみ」5314・6t、「せとか」5003・

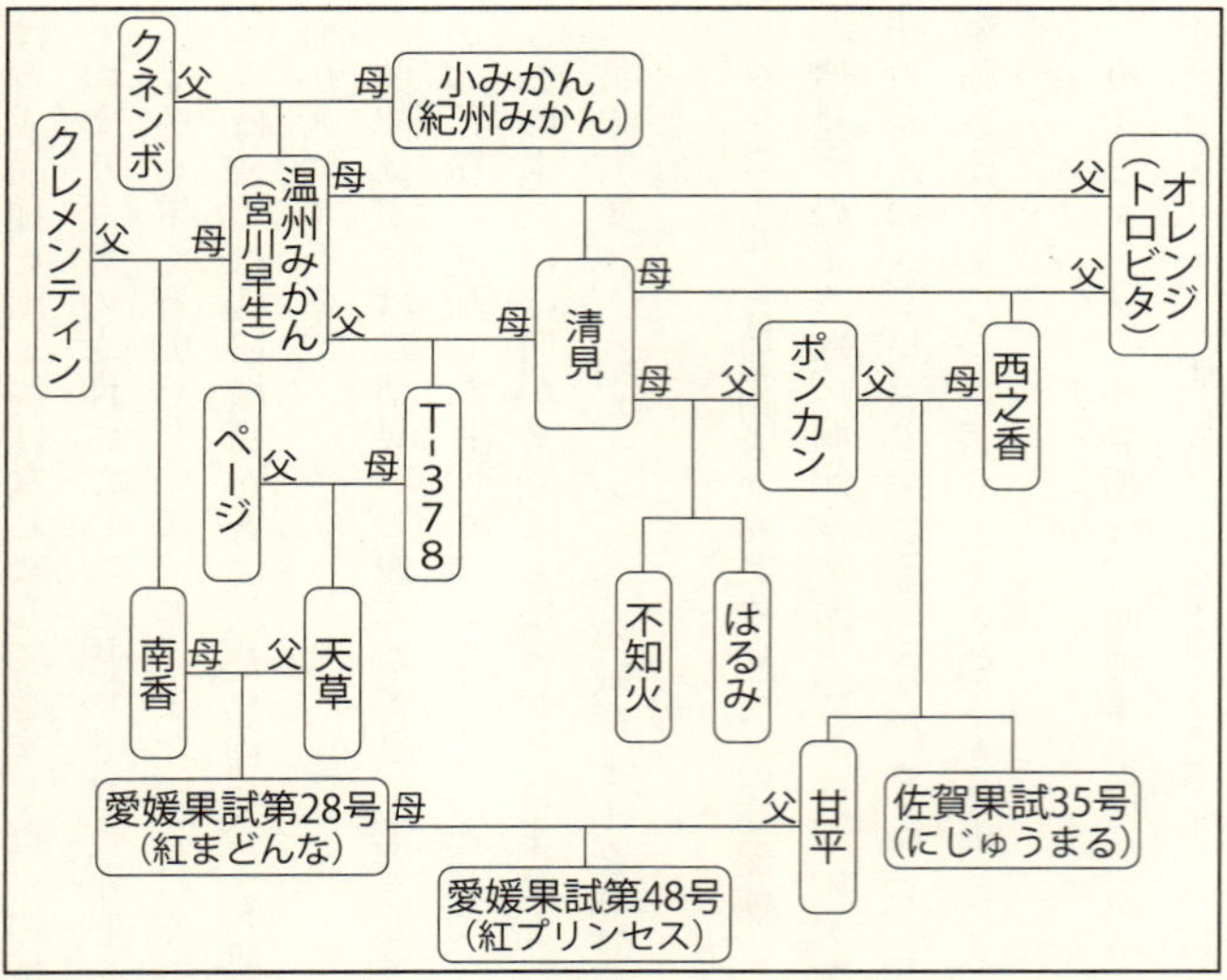

主な品種の系譜

1t、「紅《べに》まどんな（愛媛果試第28号）」4199・9t、「甘平《かんぺい》」2222・3tの順となっている（「不知火」と「肥の豊」については後述する）。

「はるみ」は、「清見」に第2次世界大戦以前に台湾から導入されたポンカンを交配し、1996年（平成8年）に品種登録された。酸味が少なく強い甘みが特徴だ。

「せとか」は、「清見」と「アンコール」の交配種に「マーコット」を交配し、2001年に品種登録された。濃厚な味ととろっとした果汁感が印象に残る。

「紅まどんな」は品種名ではなく、ある品種の一定品質以上の果実のみにつけられるブランド名。品種名は「愛媛果試第28号」なのだ。「南香《なんこう》」に「天草《あまくさ》」を交配して育成された。愛媛県が育成した28番目の有望果樹という意味だが、鉄人28号世代にはたまらない。２００５年に品種登録され、まるでゼリーを食べているかのような食感が売りになっている。

「甘平」は、「西之香《にしのかおり》」に「ポンカン」を交配して育成された。品種登録は２００７年である。個人的にはタンゴールのなかで、最初に食べたときの感動が一番大きかった品種だ。最大の特徴は、ブンタンのように砂瓤のつぶつぶがはっきりと感じられる点。それでいて瓤囊膜はとても薄く存在に気づかないほど。もちろん味も濃く、「愛媛Queenスプラッシュ」のブランド名は、なるほどと思わせる。味の方向性は正反対なのだが、どこかイクラにも通じる気がする。

「はるみ」と「せとか」は国の育成品種であり、各地で生産されている。育成地は長崎県にある口之津《くちのつ》支場（現口之津カンキツ試験地）だ。

「紅まどんな」「甘平」は愛媛県限定、「肥の豊」は熊本県限定となっている。これらは他県の産地に生産許諾をしていないため、愛媛土産、熊本土産にもよい。

じつは「清見」以前のもっと古い品種のなかにもタンゴールはある。まずは「タンカン」。生産しているのは、ほぼ鹿児島県と沖縄県のみだ。

「タンカン」は中国広東《カントン》省で生まれた「ポンカン」と「ネーブルオレンジ」が、自然に交配して生まれた品種だ。台湾から田村利親《たむらとしちか》が１８９６年（明治29年）に導入した。栽培は１９２９年（昭和４年）から始まり、酸味が少ないことから昭和30年代に沖縄県で有望だと評価され、生産量が増えた。

　もうひとつはそう、おなじみ「伊予柑」である。

戦後の愛媛を支えた伊予柑

「伊予柑」の生産量の約９割は愛媛県産である。じつは伊予の名がついているのにもかかわらず、伊予柑は愛媛県生まれではない。夏みかんと同じ山口県発祥の品種なのだ。

伊予柑は、１８８６年（明治19年）に阿武《あぶ》郡椿郷東分村《つばきごうひがしぶんそん》（現萩市）の中村正路《なかむらまさみち》のミカン園で発見され、当初は「穴門《あなと》蜜柑」と呼ばれた。１８８９年に、愛媛県の三好保徳《みよしやすのり》がこれに目をつけ、苗木と親木を買い上げて道後《どうご》村持田《もちだ》（現松山市）に持ち帰ったのである。「穴門蜜柑」には、温州みかんと夏みかんの端境期に出荷できる利点があった。温州みかんよりも栽培は難しかったにもかかわらず、ここの気候には合っており、松山市北部で栽培が広がっていく。

次に「伊予蜜柑」と呼ばれるようになったのだが、伊予産の温州みかんと紛らわしかったため、区別しやすいように１９３０年（昭和5年）に「伊予柑」に改名された。

　昭和40年代に入って「伊予柑」の生産量が急増したのには、２つの理由があった。改良品種の登場と温州みかん離れである。

　１９５５年、松山市平田町《ひらたまち》の宮内義正《みやうちよしまさ》が早生の枝変わりを発見する。「伊予柑」よりも20日早く色づくうえに収量が多く、酸味はおだやかで種が少なかった。「宮内伊予柑」の登場である。現在の伊予柑はほとんどが「宮内伊予柑」に代わっている。

温州みかんは過剰生産により、1968年と1972年に価格が大暴落した。これがきっかけで伊予柑への切り替えが進んだ。大きくて甘く香りのよい伊予柑は、温州みかんに飽きてきた消費者の受け皿になったのだ。

「伊予柑」の両親は長いこと不明であったが、遺伝子解析により「海紅柑《かいこうかん》」と「ダンシー（大紅《おおべに》みかん）」であったことがわかった。「ダンシー」はかつてアメリカでもっとも多く生産されていた古いマンダリンの品種である。

デコポンという品種は存在しない

「デコポン」の名があまりにも有名になってしまったために、「デコポン」を品種名だと勘違いしている人が大勢いる。あの独特なフォルムを表すのにあまりにもピッタリな名前だから、これはしかたがない。「デコポン」はJA熊本果実連の登録商標で、品種名は「不知火」だ。「不知火」は、国の果樹試験場口之津支場によって育成された。「不知火」は島原《しまばら》半島の南端で生まれたのである。

1972年（昭和47年）に「清見」に「中野《なかの》3号ポンカン」を交配し、6年後の1978年に初結果を迎えた。が、へたの周りの果梗部《かこうぶ》にコブのような襟が突出しやすいうえに、果皮も粗く見た目が悪い。同じ組み合わせで一緒に播種《はしゅ》された「陽香《ようこう》」が期待されたために、品種登録もされず、味のよさで何とか各地での試作に進めてもらえた落ちこぼれ品種だった。ところが運命は不思議なもの。見た目がおもしろいと逆に注目され、熊本県宇土《うと》郡不知火町《しらぬひまち》（現宇城《うき》市）が最初の産地となった。そして１９９０年（平成2年）に「不知火」と命名されたのである。

ＪＡ熊本果実連は翌年から、市場到着時に糖度13度以上、酸度１・０％以下という品質基準をクリアした果実だけを「デコポン」の名称で商品化。こうした取り組みもあり、「不知火」は２００５年頃には、中晩柑全体の１割を超すほどの大人気品種となった。

それだけに産地間競争は激しい。愛媛県は「ヒメポン」、広島県は「キヨポン」、鹿児島県は「ラ・ミポリン」、静岡県は「フジポン」の名称で、デコポンに対抗しようとしている。

さらに鹿児島県では、「不知火」の果皮が濃くなり見た目がよくなった「大将季《だいまさき》」も生産量を伸ばしている。「大将季」は、阿久根《あくね》市脇本《わきもと》の大野孝一《おおのこういち》が１９９７年に発見した枝変わりだ。

各地で大人気の「不知火」にも欠点がある。豊作と不作を交互に繰り返す隔年結果《かくねんけっか》をしやすいうえに樹勢が弱くなりやすいのだ。さらに食味のばらつきが大きく、酸っぱい果実も多く収穫されてしまう。そこで熊本県農業研究センターは、「不知火」の突然変異を利用して改良品種「肥の豊」を育成した。２００３年に品種登録された「肥の豊」は、「不知火」の欠点を解消したうえに早生で収量が高まった。外観は「不知火」と見分けがつかない。もちろん特徴的なコブもそのままだ。

「肥の豊」の収穫量は、2021年（令和3年）には熊本県産の「不知火」の69％にまで達した。なお、「肥の豊」は「不知火」同様、デコポンのブランド名でも販売されている。

和製グレープフルーツといえばなにか？

熊本県八代市特産の「晩白柚」は、ザボン類最重量のギネス記録を持つ品種だ。2023年（令和5年）に八代市の前田一喜《まえだかずき》が打ち立てたその記録は、5・55kg。大きさはバスケットボールよりも一回り以上大きい。

「晩白柚」はマレー半島原産で、台湾総督府に勤務していた農業技師の島田弥市《しまだやいち》が1919年（大正8年）に台湾に導入、1930年（昭和5年）には台湾から鹿児島県果樹試験場に導入された。その後、より栽培に適していた熊本県八代市が産地として発展していった。

ブンタンもザボンもポメロも、柑橘の同じカテゴリーの名称だ。「晩白柚」もここに含まれる。生産量の多さでは、高知県の「土佐文旦《とさぶんたん》」、熊本県の「大橘《おおたちばな》（パール柑《かん》）」がトップ2である。また、ブンタンとオレンジの自然交雑種であるグレープフルーツも仲間に入る。

ブンタンが日本にもたらされたのは1772年（安永《あんえい》元年）、鹿児島県の阿久根《あくね》港であったとされる。漂着した御朱印船の船長が謝文旦《しゃぶんたん》といい、お礼として渡された果実が「阿久根文旦」のもとになったと伝えられている。

ボンタンはブンタンと同じもの。九州南部ではボンタンと呼ばれることが多い。

ギネスブックに登録された晩白柚　左が生産者の前田一喜（写真・JAやつしろ）

ボンタンアメは、1925年に鹿児島菓子（現セイカ食品）が発売した商品。もち米と水あめでつくった求肥《ぎゅうひ》飴《あめ》に色と香料をつけ、ひと口で食べられる形の粒にしてキャラメルと同じように詰めた。香りづけには「阿久根文旦」が使われた。

このほか、和製グレープフルーツとして最近人気が高まっている品種がある。その名は「河内晩柑《かわちばんかん》」。グレープフルーツ好きにとっては、味のよさもさることながら、一人分にちょうどよい食べ切りサイズなのもうれしい点だ。

「河内晩柑」は1935年に、熊本県飽託《ほうたく》郡河内《かわち》村（現熊本市西《にし》区河内町《かわちまち》）の西村徳三郎の宅地で発見された。最大の産地である愛媛県では、地域によって「美生柑《みしょうかん》」「宇和《うわ》ゴールド」「ジューシーフルーツ」と異なる名前で販売されている。

これまで「河内晩柑」はブンタンのタネから生まれたと考えられてきたが、「弓削瓢柑《ゆげひょうかん》」の突然変異であることが近年明らかにされた。

学習支援教室「みかん島」の誕生

温州みかん発祥の地である長島までは、熊本空港から車で2時間半ほど。「肥の豊」が育成された宇城市、小みかんが発見された八代市、甘夏栽培で先進的な取り組みを行った芦北町《あしきたまち》、紅甘夏《べにあまなつ》とボンタンが発見された阿久根市を通り抜けて、黒之瀬戸大橋《くろのせとおおはし》を渡れば長島に上陸だ。

長島は日本で29番目に大きな島である。28番目が伊豆大島《いずおおしま》、30番目が礼文島《れぶんとう》、さらには山手線《やまのてせん》の内側とほぼ同じ面積だと知れば、広さの感覚がつかめるだろう。

自ら「長島大陸」と名乗ってしまうところからも、島の人たちの心意気が伝わってくる。人口9500人の長島が、養殖ブリの生産量で日本一だったりするのだ。

お目当ては島の北部の東岸の高台にある、ミカンの博物館「日本マンダリンセンター」である。橙色のピンポン玉を半分に切ったようなミカン色のドーム屋根が、青空と白い雲に映える。温州みかん発祥の地からも、600mほどと近い。

日本マンダリンセンターは、鹿児島県出水《いずみ》郡長島町立の施設として1993年（平成5年）にオープンした。町長肝いりの一大プロジェクトで最初は人を集めたものの、箱もの行政失敗の典型的なパターンに陥ってしまっていた。

300品種を集めた展示圃場《ほじょう》も館内も廃れるばかり。2017年からは入館料無料で開放したにもかかわらず、来館者がゼロの日もあるような状況だった。

2022年（令和4年）、栗《くり》ならぬ火中のマンダリンセンターを拾うべく、指定管理者となった者がいる。島内で山上農園を営む山上博樹《やまがみひろき》、美由紀《みゆき》夫妻だ。

山上博樹は「不知火」と「大将希」をメインにしている山上農園の3代目であり、次男でありながら40歳でUターンし家業を継いだ。それまでは、サラリーマンとして全国チェーンの塾で手腕を発揮し、若くして執行役員に抜擢《ばってき》されるなど成果をあげてきた。

就農を決意させたのは、父が栽培した「不知火」のおいしさだったそうだ。

「買って食べる不知火と味がまったく違うことに驚きました。ちょうど仕事に悩んでいたときでもあって、父の味を守らなければいけない、守りたいって思うようになったんです」

高校生までずっと仕事を手伝ってきただけに、ある程度やっていける自信はあったという。だが、現実は厳しかった。家を出てから始められた「不知火」栽培と経営の難しさは想像をはるかに超えていた。

「全量を農協に出荷していた父のやり方を続けていては、利益が残らず生活できないことがわかってしまって。すぐにホームページとECサイトを作って直接販売を始めました」

さらに、収穫時期を変えた5種類の味の違いを楽しめる「シラヌヒドライフルーツ完熟五味」などのオリジナル商品も開発した。農産物加工の基本は規格外商品の有効活用なのに、わざわざ一番よいものを使って加工食品をつくったのだ。

高校がない長島では、高校進学時に島を出て、そのまま大学に進学したり就職してしまって島に戻ってこない若者が多い。山上夫妻は日本マンダリンセンターの再生を、こうした社会課題の解決にまでつなげようとしている。

2023年4月、日本マンダリンセンターはリニューアルオープンを果たした。4階は学習支援教室「みかん島」に。家庭教師のトライと業務提携することで、小学生から高校生までを対象とする。オンラインで志望大学の学生から教えてもらえる「オンライン家庭教師」も展開しはじめた。また英検など、さまざまな検定取得ができる学習環境の整備も進め、地方と都会の教育格差を埋める取り組みを進めていくそうだ。

5階は「長島大陸マンダリンBASE」と名づけられたワーケーションも想定したコワーキングスペースに変貌。窓から広がる絶景は、交流や創発を後押ししてくれるに違いない。

「地元の人が無関心でいられない状況をつくることが第一歩です」

日本マンダリンセンター発の長島のリノベーションは始まったばかりだ。

日本マンダリンセンター（写真・山上農園）

JR宮崎駅前広場には黄色でまんまるのポストがある

日向夏ポスト（著者撮影）

食べ方が一風変わっている柑橘といえば、「日向夏《ひゅうがなつ》」が筆頭だ。まるでリンゴやナシの皮をむくかのごとく、他の品種では捨ててしまう白いアルベドの部分がたくさん残るように、丸ごと黄色い外果皮を包丁で薄く長くむいていく。これは日向夏を食べる際に欠かせない儀式。くし形に切った日向夏を口に入れれば、生のまま食べることなど決してないアルベドのやさしい甘みとほんのりとした雑味が果肉の酸味と合わさり、個性際立つ風味が完成する。

JR宮崎駅高千穂口《たかちほぐち》駅前広場には、日向夏形の黄色い郵便ポストがある。日向夏発見200年を記念して、2020年（令和2年）に設置された。デザイン郵便ポストは探せばあちこちに存在するが、あの四角柱を捨てて球体にしたのは大英断だ。

ポストの足元には、宮崎市に移住した歌人俵万智《たわらまち》の歌が刻まれ、観光客に日向夏のおいしい食べ方を伝えてくれる。

日向夏くるくるむいてとぎれなく長くまあるく一人を想う

宮崎県の城跡で偶然発見され高知県で人気が出た日向夏

「日向夏」が発見された場所は、宮崎空港からほど近い曽井《そい》城《じょう》跡である。1615年（元和元年）に廃城となった城跡は、四方を見渡せる小高い丘であり、いまは野崎《のざき》病院が建っている。文政《ぶんせい》年間（1818～30）に、この付近にあった真方安太郎《まがたやすたろう》の宅地内の藪《やぶ》のなかで発見されたとされる。真方家は城跡への一本道の上り坂の右側にあったので、そのあたりの崖に近いところで種子から育った木だったのだろう。

「日向夏」の父親はタチバナであることが明らかにされている。であれば、たまたまタチバナが交雑された実をどこかで食べた、ヒヨドリの落とし物から生まれたのかもしれない。

それなのに「日向夏」は宮崎県の特産品としてではなく、先に高知県の特産品として全国に名を知られることになってしまうのだ。この背景にはある人物が大きく関わっている。

日本にタンカンを導入した田村利親である。九州南部の在来柑橘を調査していた田村は、宮崎県農商課に勤務していたときに、無名だった「日向夏」に目をつけた。1887年（明治20年）には「日向夏蜜柑」と名づけ、郷里の高知県長岡《ながおか》郡新改村《しんかいむら》（現香美《かみ》市）に住む父に苗木を2本送っている。

ここから宮崎県と高知県では大きな差がついた。「小夏蜜柑」の名前で生産量を増やしていった高知県では、1903年に農事試験場園芸試験地が開設された際に、興津試験場から田村利親が技師として着任することとなった。ネーブルオレンジ人気に便乗し、1926年（大正15年）に高知県が、「ニュー・サンマー・オレンジ」の名前で売り出すと大評判になり、以降「ニューサマーオレンジ」や「土佐小夏《とさこなつ》」の名前で人気が高まり、生産量を増やしていったのだ。

焦ったのは本家本元の宮崎県である。昭和40年代になってようやく「日向夏」の名前で、県の特産品として売り込みを始め、1975年（昭和50年）から1980年にかけて生産量を急増させた。これには日向夏の安定生産技術を開発した、宮崎大学農学部の三輪忠珍《みわただよし》教授の貢献が大きい。「日向夏」の主産地は、当初は宮崎空港周辺だったが、宅地化が進み、西部の綾町《あやちょう》に移った。

有機農業の先進地として知られる綾町に、「日向夏」は大正初期に植えられた。児玉《こだま》果樹園には当時植えられた木が残る。JA綾町ではご神木として定期的にお参りをしているほどだ。

日向夏のさしみという変わった食べ方を、園主の児玉隆一《りゅういち》が教えてくれた。瓤嚢膜をむいた果肉を醤油《しょうゆ》につけて焼酎のあてにするのである。「日向夏」と甘い九州醤油とは意外なほどに引き立て合う。これがふつうの醤油だとおいしくは感じられないのだから不思議だ。「日向夏」はもともと種が多く入るのだが、4倍体甘夏の花粉を人工授粉することで、種をほとんどなくす方法も宮崎大学が開発している。土産には、この種なし日向夏のほうが喜ばれる。

日向夏を用いた加工食品もはや全国区になった。ここまで広まった背景には、「サンA」ブランドで親しまれている宮崎県農協果汁の存在がある。宮崎県農協果汁は日向夏の加工だけでなく、ブランディングにまで取り組んでいるのが特徴だ。1985年以来、食品メーカー向けの日向夏果汁のほとんどは、濃縮果汁でここから供給されている。

5　酸味こそが価値の香酸柑橘

知っているようで知らない香酸柑橘

香酸柑橘《こうさんかんきつ》とは、果肉をそのまま食べるのではなく、果汁や果皮を使うことを主としているグループのことをいう。レモンが代表格だ。

レモンはインド北東部のアッサム地方原産だとされ、世界一の生産国もインドである。10世紀にアラブ、11世紀にヨーロッパへ伝わったレモンは、1493年にコロンブスがハイチに持ち込んだことで、アメリカ大陸にも広まった。日本がアメリカからレモンを導入したのは1875年（明治8年）だ。1879年には和歌山県と兵庫県とで試作が始まった。

香酸柑橘の国内収穫量は、ユズが圧倒的な1位で、レモン、カボス、スダチ、シークヮーサー、ダイダイの順になる。

レモンはといえば、輸入レモンまで含めるとユズの2・2倍の量となる。

中国生まれのユズが京の都の食文化を支えた

柚子味噌《ゆずみそ》、柚子胡椒《ゆずこしょう》、柚子なますにポン酢。それから柚餅子《ゆべし》。江戸の銭湯が始めたとされる柚子湯《ゆずゆ》も忘れてはいけない。ユズは代表的な和の香りのひとつである。

食用柑橘のなかでユズはもっとも寒さに強いため、岩手県や秋田県でも栽培でき、ほぼ全国でその木を見かける。英名もYuzuであり、欧米でも、Wasabiに続き日本のフレーバーとして認識されてきている。2009年（平成21年）には、香料メーカーの長谷川《はせがわ》香料が果皮の油胞から新たな香気成分を発見し、ユズノンと名づけた。

けれどもユズは日本原産ではない。中国長江《ちょうこう》上流域発祥なのだ。

日本には奈良時代に伝わり、栽培が始まった地域は、京都嵐山《あらしやま》の北西の山中、右京《うきょう》区水尾《みずお》である。古《いにしえ》より、ユズは京の食文化を支えた食材のひとつであった。

水尾が産地となったのは、鎌倉時代後期の花園《はなぞの》天皇が種を播いたのがきっかけだとされる。「桃栗三年柿八年　梅の酸い酸い十三年　柚子の大馬鹿十八年」ということわざのとおり、ユズは播種してから結実するまでに10年以上かかる。ユズも接ぎ木苗であれば3年程度で実をならすようになるのだが、水尾ではいまも種から育てた実生苗《みしょうなえ》からの栽培にこだわり続けている。

関東では、埼玉県の毛呂山町《もろやままち》が江戸時代からの名産地として知られている。ユズの木はどこでも見かけるため、全国各地で分散して生産されているように感じる。しかし現実には、高知県が約53％と突出している。その中心は東部の安芸《あき》郡馬路村《うまじむら》と北川村《きたがわむら》だ。どちらも昭和40年頃から、本格的に生産量を増やした比較的新しい産地である。それぞれの人口は約700人と約1100人。隣り合った山あいの村のお年寄りたちが、日本のユズを支えているのだ。

特に馬路村は1979年から加工商品事業に乗り出し、ユズとハチミツと水だけでつくった1988年発売の「ごっくん馬路村」を全国的なヒット商品にしたことで知られる。これを牽引《けんいん》したのは、「ユズは日本を制する」の思いに駆られて馬路村農協組合長にまでなった東谷望史《とうたにもちふみ》だ。

ユズを使った和菓子といえば、真っ先に柚餅子の名前があがる。平安時代に生まれたとされる柚餅子は、後に『養生訓《ようじょうくん》』を書いた貝原益軒《かいばらえきけん》の甥《おい》の貝原好古《よしふる》が編纂《へんさん》した『日本歳時記《にほんさいじき》』にもレシピが記されるほど、身近な菓子であった。それだけに各地の柚餅子が、大きく姿を変えているのがとても興味深い。

能登《のと》半島輪島《わじま》の名物に丸柚餅子がある。丸柚餅子は柚餅子の原型とされ、果肉をくりぬいた柚子釜に秘伝の味付けをした餅種を詰めて蒸し上げ、半年間自然乾燥させた高級菓子だ。「柚餅子総本家」を掲げる中浦屋《なかうらや》が、昔ながらの製法で毎年11月に製造を始めていた。ところが2024年(令和6年)1月の能登半島地震で工場も店舗も全壊し、製造再開のめどは立っていない。

なお、果実の大きさとゴツゴツした果皮が特徴的な「鬼柚子」は、ユズではなくブンタンに分類される。

カボスが料理人に認められたきっかけは太平洋戦争

スダチとカボスは、どっちがどっちだったかわからなくなりがちな柑橘だ。生産量はカボスのほうがやや多いものの、よきライバルに見える。

直径3～4㎝で小さいほうが徳島県特産のスダチ、5～6㎝と少し大きいほうが大分県特産のカボスである。見た目はそっくりだが、果肉の色はまったく異なる。ライムに似た黄緑色がスダチで、黄色いのがカボスだ。香りはスダチのほうが強い。

味についても誰もが認識できる程度の違いがある。やや雑味を感じるのがスダチで、スッキリしているほうがカボスだ。上品な果汁感を楽しみたければカボス、料理の味に深みを持たせたければスダチと、使い分けしてみたい。

スダチがいつ頃現れたのかはわからない。徳島では半分野生状態で広まった古い柑橘だ。名前のスダチは酢橘からきたらしい。

栽培化されたのは昭和30年代以降で、1979年（昭和54年）に始まった温州みかんからの転換事業で生産量が増えた。優良個体探索の結果、1975年には徳島市渋野町《しぶのちょう》で発見された種子の少ない個体が「徳島1号」と命名されて、県の奨励品種となっている。また徳島県農林水産総合技術支援センターは、3月まで果皮が黄色くならずに濃緑色を保つ「勝浦《かつうら》1号」を育成。2024年（令和6年）に品種登録された。なお、徳島県の県花はスダチの花だ。

1961年に徳島大学により果皮から発見されたスダチチンは、スダチにしかない香気成分。ノビレチンに構造が似ており、最近になって抗肥満の健康機能性が期待できることがわかった。

カボスの由来もはっきりしない。大分県臼杵《うすき》市乙見《おとみ》には、1695年（元禄《げんろく》8年）に稲葉《いなば》藩の医師宗玄が、京都から持ち帰ったカボスを植えたという言い伝えが残る。いつの頃からか稲葉藩では、藩士が薬用として家の庭で栽培するようになり、臼杵や竹田《たけた》に広まっていた。

カボスの先駆者は臼杵市江無田《えむた》の板井秀敏である。板井は１９３７年に、ひとりカボスの生産拡大に乗り出した。実際に栽培が増えはじめたのはそれから約20年後、１９６０年に、大分県の地域振興果樹に指定されてからだった。品種は、１９７３年に樹勢の強さで県が選抜した「大分１号」が中心だ。

匠《たくみ》だけの隠し味の素材であったカボスが、広く九州の料理人たちに知られるようになったのは、太平洋戦争がきっかけだったりする。戦争中は米酢など使えない。酢の代用品としてカボスを使ってみたところ、予想以上にいける味だということに気がついた、という展開が起きたのだ。博多《はかた》のフグ料理や水炊きにも使われているポン酢には、カボス果汁も加えるのが秘伝のレシピとなっている。「香母酢」の表記にも納得だろう。

スダチもカボスも日本生まれで、父親はユズだ。見た目や使い方も似ていて不思議はない。

すでに身近なフルーツ魚（フルーツフィッシュ）

養殖魚を敬遠する人の最大の理由は、餌からくる臭み。それから脂肪分のしつこさだ。

フルーツ魚とは、柑橘類の果実を餌に混ぜて育てた養殖魚のことをいう。柑橘を用いる理由は、養殖魚臭と呼ばれる人工飼料由来の臭みの軽減に効果が認められているからだ。

事業化では、香川県の、オリーブの葉の粉末を混ぜた餌で育てたオリーブハマチに後れをとったものの、フルーツ魚の開発は高知大学農林海洋科学部海洋資源学科が先行していた。
２００５年（平成17年）に技術開発を始めた高知大学では、ブリにユズ果汁を加えた餌を食べさせたところ、ブリの身からほのかに柑橘系の香りがすることに気づく。柑橘には養殖魚のさっぱり感を増す効果があることを確認したうえで、２００７年に試験販売したのが、鹿児島県長島町の東町《あずまちょう》漁協の「柚《ゆ》子《ず》鰤王《ぶりおう》」である。

その後、大分県農林水産研究指導センターが県内の養殖業者と開発に取り組み、２０１０年の「かぼすブリ」にはじまり「かぼすヒラメ」「かぼすカンパチ」と、品揃《しなぞろ》えを増やしている。餌にはカボスの果皮と果汁が配合されている。匂いに敏感な子どもや女性だとカボスの香りを感じられるそうだが、試食した私はどう頑張ってもその香りを見つけられなかった。

競うように、愛媛県も柑橘残渣《ざんさ》を混ぜて育てたブリの生産を、２０１１年から始めた。ミカンジュースの搾りかすと伊予柑オイルを使った餌を組み合わせた「みかんブリ」と「みかん鯛《だい》」。伊予柑オイルを混ぜた餌を使ったギンザケ「宇和島《うわじま》サーモン」も登場している。

食品残渣などを活用して製造された飼料をエコフィードという。その目的は、食品リサイクルと飼料自給率向上の両方だ。ＳＤＧｓ推進の一環としての食品リサイクルループを実践し、国産原料を用いて養殖魚や肉畜の肉質まで改善できるのであれば、これほどよい話はない。

優位性がないからこそ文学史に名を残したレモン

柑橘類のなかでもっともビジュアル的に存在感が強いのはレモンである。全人類にとってとまでは言い切れないかもしれないが、少なくとも日本人に限定すればまず間違いないはずだ。レモンの味、香り、色、フォルム。その特徴を分解して考えてみると、他の柑橘と比べてそこまで優位性があるわけではない。となると、日本人にとってはやはり梶井基次郎《かじいもとじろう》の小説『檸檬《レモン》』の影響が大きいような気がする。

そもそも私たちが檸檬をなんなくレモンと読めるのも、梶井基次郎のおかげに違いない。１９３１年（昭和６年）の『檸檬』出版時に、基次郎自らが「然《しか》し普通の人にはレモンとは読み下せないかも知れないのが疵《きず》です」と述べているほどなのだから。『檸檬』の舞台は京都だ。主人公が寺町通《てらまちどおり》二条《にじょう》角の果物屋「八百卯《やおう》」で、つい買ってしまったレモン。１９２１年（大正10年）頃であれば、まだ国内でレモンは生産されていないため、このレモンはカリフォルニア産のサンキストレモンで間違いない。ちなみにサンキストのブランド名は、太陽がキスした大地、サンキストランドからつけられた。

広島レモン、瀬戸田レモン、大長レモンはどう違う

広島県の名物グルメといえば、牡蠣《かき》、広島風お好み焼き、もみじ饅頭《まんじゅう》がトップ３にあがる。また広島県は、レモンの収穫量シェアが50％強と他を圧倒する大産地でもある。県をあげて広島レモンの認知度を高めようと取り組んでいるし、２０１５年（平成27年）頃から認知度も

高まってきてはいる。ただレモンのイメージは、まだまだ上位3品目との差は大きい。

広島にレモンが導入されたのは1898年（明治31年）。大崎下島の農家が和歌山県からネーブルオレンジの苗木を購入した際に、レモンの苗が混じっていたのがはじまりだ。したがって、1902年の早生温州「青江早生」導入よりも、レモンのほうが早かったということになる。広島県の島々が一大レモン産地となりえたのは、瀬戸内海の温暖で降水量が少ない気候のおかげである。他の柑橘産地がレモン栽培に不向きなため、高いシェアを維持できるわけだ。

広島県がレモンの栽培面積で日本一になったのは終戦直後の1947年（昭和22年）。1953年には日本の栽培面積の80％を占めるまでになった。

県内一のレモン産地は生口島《いくちじま》である。瀬戸田《せとだ》レモンといえば、ほぼこの島か高根島《こうねしま》で生産されたものだ。いまや「レモンの島」と呼ばれるほどにまでなった生口島は、ハッサクが生まれた因島のすぐ西隣である。

瀬戸田では、1928年から耐寒耐暑性に優れるポルトガル原産の「リスボン」を積極的に増殖しはじめた。

生口島の西岸、垂水《たるみ》地区一帯は、レモン谷と名づけられた島一番のビュースポットであり、色づくレモン越しに瀬戸内海としまなみ海道の多々羅《たたら》大橋を眺められる。垂水地区は、島内でも特に風の通りがよく冷害に遭いにくい土地であったために、レモン栽培が増えた。

レモンには、他の柑橘よりもかいよう病に弱いという欠点がある。かいよう病は植物体が傷ついた場所から広がり、果実を出荷できなくさせたり樹勢を低下させたりする。自らを守っているはずの長いトゲが、逆効果となることもあるのだ。

そのため、瀬戸田で栽培されている品種は、トゲが少なく小さくなった突然変異の「石田《いしだ》系リスボン」と「竹下《たけした》系リスボン」が主流になっている。

輪切りにした国産レモンが鍋の表面を覆いつくした、インパクトのあるビジュアルで話題になったレモン鍋が考案されたのも生口島である。「日本一のレモンでお鍋を作って」という9歳の女の子のひと言がきっかけだったともいわれる。2012年に広島レモンPR事務局が、積極的に情報を拡散したことで話題が沸騰し、広島レモン全体の認知度を高めた。

「レモスコ」というレモンを使った新感覚ご当地調味料も、2010年に登場した。商品化したのはヤマトフーズで、「いままでにない調味料を化学調味料無添加でつくりたい」との思いを形にした。原材料は、瀬戸田産のレモン果汁、青唐辛子、醸造酢、藻塩、レモンピールである。

たしかにありそうでなかった斬新な風味だ。その割に何にかけてもイケる。パッケージは、あのホットソースの姉妹商品かと見間違えるほど、タバスコに寄せている。

瀬戸田レモンと並ぶのが、大崎下島、大崎上島《おおさきかみじま》、豊島《とよしま》の3島で生産されている大長《おおちょう》レモンだ。瀬戸田レモンがJAひろしま管内なのに対し、こちらはJA広島ゆたか管内である。ミカンの生産量が多い大崎下島では、レモンが第2の柱になっている。先ほど述べたとおり、大崎下島は県内ではじめてレモンが栽培された場所だ。かつては日本一の生産量を誇り「黄金の島」と呼ばれた時期もあった。

大長レモンは瀬戸田レモンとは異なる品種が主力になっている。1921年（大正10年）に導入されたシチリア原産の「ビラフランカ」だ。果実は「リスボン」より大きい。道谷《みちたに》勇一が発見した、トゲが少なく小さい突然変異「道谷系ビラフランカ」が主に栽培されている。

大長レモンは、年間にわたる供給を最初に実現した産地として名高い。国産レモンは、ハウスレモンで8月下旬から9月、10月からは露地のグリーンレモン、12月頃には黄色く色づいたレモン、これを貯蔵して5月までは出荷できていた。だが、肝心の夏場の需要期には出荷できなかった。そこで密閉包装して貯蔵するMA包装技術を開発し、6〜8月の出荷を可能にしたのだ。2006年からP－プラスレモンとして出荷されている。なお、MAとはModified Atmosphereの略で、包装内の空気を低酸素・高二酸化炭素濃度の状態に保つ技術である。

レモンの浮き沈みの歴史から見える発がん物質騒動

青果レモンの輸入自由化は1964年（昭和39年）。1年後には約4000t、2年後には約1万t、3年後には1万9000tと、大量の海外産レモンがなだれ込んできた。

当時の国産レモンの生産量は、瀬戸内中心に1963年に703tであった。さらに1970年にはレモン果汁も自由化されてしまう。国内のレモン産地は壊滅的なダメージを被った。

一方で、ユズ、スダチ、カボスといった香酸柑橘への切り替えも進んだ。1965年の生産量は、ユズ637t、スダチ854t、カボス178tだったのが、8年後の1973年には、それぞれ2925t、1524t、1621tと急増した。

国産レモンの復活など考えられなくなった1975年4月、世間を騒がす大事件が起きる。フロリダ産グレープフルーツの皮から、日本での使用がまだ認可されていなかった防カビ剤OPP（オルトフェニルフェノール）が検出されたと発表されたためだ。OPPは濃度によっては発がん性を示すが、欧米では広く使用が認められていたため、紛れ込んできたのである。グレープフルーツに続いてレモンでもOPPが検出され、同年4月と5月の輸入レモンの半数以上が廃棄処分となった。

当然レモンの価格は高騰する。それだけではない。消費者に、OPPも長距離輸送時の品質低下を防ぐためのワックスも使用していない国産レモンというニーズが生まれたのである。これに温州みかんの大暴落も合わさり、国産レモン生産が復活する契機となったのだ。

なおOPPは、その後1977年に日本での安全評価が完了し、食品添加物として認可された。しかし消費者には、日本政府がアメリカの圧力に屈したという誤解を与えてしまった。

レモンの国内自給率は20・4％。これには輸入レモン果汁は含まれていない。

レモンはレモンらしくないと売れない

他の香酸柑橘にとって代わられているせいか、レモン全体の国内消費量は落ちている。広島県立総合技術研究所農業技術センターが育成した「イエローベル」は「ビラフランカ」の自然交雑実生《みしょう》からの選抜個体。父親は「サマーフレッシュ」だと推定される。「サマーフレッシュ」は、「ナツミカン」に「ハッサク」を交配して国が育成した品種だ。「イエローベル」は3倍体であるために種子が入りにくく、酸味がおだやか。瓤嚢が柔らかいレモンに対し、硬い瓤嚢のつぶつぶ食感を生かした商品開発が可能だという特徴がある。

「璃《り》の香《か》」は「リスボン」と「日向夏」の交配種で、農研機構果樹研究所カンキツ研究興津拠点で育成された。先に記したとおりレモンはかいよう病に弱いが、「璃の香」はかいよう病に強い。また、リスボンよりも果実が大きく収量も多い。くわえて、皮が手でむけるという特徴がある。このため国はミカンではなくレモンとしての普及を図っている。「璃の香」も「サマーフレッシュ」と同じように、種が少なくまろやかな酸味で香りは弱い。出荷時期は、6〜8月の極晩生種だ。

「イエローベル」は2014年(平成26年)から、「璃の香」は2016年から普及が始まった。ただ、どちらも生産量はごくわずかにとどまる。原因は、日本人がイメージするレモンに届いていないからという感覚的な部分が大きそうな気がする。どちらも香りが弱く、フォルムは紡錘《ぼうすい》形《けい》に見えない。「イエローベル」にいたっては、果皮がレモンイエローではなく黄色なのだから。

第2章　カキ——いにしえより日本人と苦楽をともにしてきた果樹

日本人の暮らしの原風景、里の秋を彩る光景、古《いにしえ》からの時が刻む情景。これらにもっともふさわしい果物は何かと問われて、カキ以外を答える日本人はめったにいない。正岡子規のあの名句を持ち出すまでもなく、カキはすべての日本人にとって特別な存在である。

カキは日本原産の植物だと思い込んでいる人も多そうだが、実際には中国原産の外来生物なのだ。カキは紀元前200年頃、秦《しん》の時代に栽培化され、日本には弥生時代前期には伝来していたと考えられる。

カキほど日本の気候に適応した果樹はない。それは全国各地の道端あるいは庭先で、ほぼ放任状態におかれても枯れることなく毎年実をならす姿を見れば、誰もが納得するはずだ。にもかかわらず、身近な果物のなかでは、カキは好き嫌いが分かれてしまう筆頭だろう。しかも他の果物と比べて人気の低下が著しいように感じる。

とはいえ、カキは江戸時代にとどまらず明治時代まで、果物生産量ではそれこそ不動のトップであり続けてきた。日本で砂糖を生産できなかった時代、カキは日本人にとって貴重な糖分補給源であった。それだけではない。

果物としてのカキばかりを意識すると、カキのすごさと私たち日本人への貢献の大きさを見過ごしてしまうことになる。

最初に宣言しておきたい。カキほど役に立つ果樹はほかにないということを。

1 渋柿が広げたカキの価値

カキタンニンの活用

渋柿を喜んで食べる人はいない。それはそうだ。そもそも渋みを避けるのは、ヒトという生物として当たり前の防御反応である。

それでは、カキの渋みの成分についてはどうだろう。この世には甘柿だけあれば十分、渋柿なんて必要ない、と言い切れるだろうか。

カキと他の果物との最大の違いは、果実を食べる以外にも、人類にとって役立つ能力をカキだけが提供してくれている点だ。その際たるものが、カキの渋みのもととなる水溶性タンニンである。

このタンニンを主成分とする柿渋は、私たちの身の回りの生活用品にたくさん使われていた。

柿渋とは、色づく前の青いカキがもっとも渋い時期にその果汁を搾り、発酵・熟成させた液体を指す。防腐剤も防水塗料もない時代、もし渋柿が存在しなかったとしたら、私たちのご先祖様の暮らしはさぞや不便だったに違いない。言い換えれば、不溶性で強靭《きょうじん》な皮膜をつくる柿渋を提供してくれるカキが、日々の生活を便利にしてくれていたのだ。

柿渋が持つ防水・撥水性《はっすいせい》と防虫・防腐効果は、古くから知られていた。その利用は平安時代末期からとされ、どうやら漁網から始まったようだ。11世紀には籠や漆器の渋下地に使われるようになり、江戸時代には和傘に桶《おけ》にうちわ、板塀に柿渋を塗って耐久性を高めた。もちろん染色目的で麻や木綿にも使われた。小包などの包装用紙に渋紙を使っていたのも、それほど昔の話ではない。

酒造りにも柿渋は必要であった。醪《もろみ》から酒を搾る際に使われる木綿の酒袋は、柿渋を塗ることで長期間使用できるようになったのだ。醤油や酢のろ過袋も同様である。

これでもまだ終わりではない。

水溶性のカキタンニンには、未分解タンパク質を凝集させて沈殿させる働きがある。そのため現在でも、滓《おり》下《さ》げに使う醸造用清澄剤としてカキタンニンが使われる場合もある。

数少なくなった柿渋産地である京都府南部山城《やましろ》地域では、「天王《てんのう》」「鶴《つる》の子《こ》」「法蓮坊《ほうれんぼう》」といった品種が用いられている。これらは皆、カキタンニンを多く含むからだ。

現代では、カキタンニンは抗酸化作用、抗菌作用、抗炎症作用に加えて、ノロウイルス、インフルエンザウイルス、ヘルペスウイルスなどへの抗ウイルス作用が知られる。奈良県立医科大学の研究によって、新型コロナウイルスなどの感染伝播《でんぱ》抑制効果も確認されている。

さて、カキに対する印象は変わっただろうか。

カキを動物にたとえれば、馬や牛などの使役動物に近い存在だともいえよう。

北海道を除く日本列島の、人が住むあらゆる場所に柿の木は植えられた。電化製品の「一家に一台」ならぬ、「一家に一本の柿の木」とキャッチフレーズをつければ、カキの有能さが伝わりやすいだろう。

松尾芭蕉《まつおばしょう》は1694年（元禄7年）に次の句を詠んでいる。

里古《ふ》りて柿の木持たぬ家もなし

干柿は神々に捧げる食事

干柿の糖度は60％を超える。じつに練り羊羹《ようかん》とほぼ同じ糖度なのだ。

そして干柿は渋柿からつくられる。甘柿よりも渋柿のほうが糖度が高いからである。

この事実に驚くか常識だと思うかで、その人とカキとの距離感がすぐにわかる。

遅くとも奈良時代には干柿が作られていた。しかも当時のカキは渋柿のみで、甘柿はまだ存在していなかった。これは日本だけの話ではない。カキの原産国である中国も同じであった。

さて、干柿という単語が出てくる最古の文献は757年（天平宝字元年《てんぴょうほうじ》）の『銭用帳《せんようちょう》』だと、関根真隆《せきねしんりゅう》の『奈良朝食生活の研究』には記されている。

日本に砂糖がなかった時代、干柿はもっとも糖度の高い食べ物であった。最初の用途は祭礼で神々に捧《ささ》げる神饌《しんせん》だったであろう。それが高貴な人が食する菓子となり、献上品としての意味を持った。干柿は長期保存がきくことも、他の果物にはないメリットであった。

食料調達が極めて不安定な環境下では、保存食の位置づけは私たちが想像できないほど高かったはずだ。当然、干柿は重要な兵糧でもあった。干柿があるから頑張れる、干柿を食べて頑張る。まさにエナジードリンクやエナジーバーの役割だ。

現代の有名どころの干柿といえば、長野県の市田柿《いちだがき》、福島県や和歌山県などのあんぽ柿、岐阜県の堂上蜂屋柿《どうじょうはちやがき》、山梨県の枯露柿《ころがき》といったところ。島根県のまる畑ほし柿、山形県の紅柿《べにがき》も忘れたくはない。

さるかに合戦に登場したのは不完全甘柿

カキを語るうえで避けて通れないのが、渋柿と甘柿の違いについてである。一般的には、色づき熟しても渋いのが渋柿で、熟すと渋みがなくなり甘くなるのが甘柿だ。園芸学ではさらに、完全渋柿、不完全渋柿、不完全甘柿、完全甘柿の4タイプに分類している。

「市田柿」や「西条《さいじょう》」などの完全渋柿は、熟しても甘くならず、果肉にゴマが入ることはない。

　不完全渋柿は種子ができると、種子から脱渋物質であるアセトアルデヒドを少量発生し、その周りのわずかな果肉にゴマが入ってその部分だけは渋くなくなる。カキのゴマは、水溶性タンニンがアセトアルデヒドと結合して不溶性タンニンに変わり、細胞が褐変してできる。人間の舌は水溶性の物質しか感じられないため、渋くなくなるのである。「平核無《ひらたねなし》」や「会津身不知《あいづみしらず》」がこのタイプだ。

　不完全甘柿は種子が多くできると脱渋物質を多く出し、たくさんゴマが入って果実全体が甘くなるし、もし種子が少ししかできなければ、甘い部分と渋い部分が混在する実になる。このタイプの代表格は「禅寺丸《ぜんじまる》」や「筆柿《ふでがき》」だ。

　完全甘柿は種子の有無にかかわらず、果肉が甘くなる。

　水溶性タンニンをあまり作れない「富有《ふゆう》」に代表される完全甘柿は、カキの世界では相当な変わり者だといえる。

　さるかに合戦で、カニがサルに奪われてしまった柿の木は、おそらくヒトから見ての不完全甘柿だったのだろう。さるかに合戦が成立したとされる室町時代には、まだ完全甘柿は発見されていないからだ。もっとも現実のサルは、カキの渋みをあまり気にしないようではあるが。

　甘柿は渋柿よりも耐寒性に劣るため、寒冷地では甘柿は生産されないことも付け加えておく。

1000年前にはすでに存在した渋柿の脱渋法

毎年秋にたくさん実をならす渋いカキを、何とか甘くできないか、と、私たちのご先祖様は千思万考し、山ほど工夫を重ねたはずである。

渋柿を甘く食べる方法として、最初に確立したのは熟柿《じゅくし》であったであろう。熟柿とは、収穫した渋柿が甘くなるまで待ち、軟熟させたものをいう。「熟柿」という単語自体は、927年（延長《えんちょう》5年）に完成した『延喜式《えんぎしき》』にはじめて登場している。

渋柿の脱渋法は、平安時代（794〜1185）に中国から伝来したらしい。

醂柿《さわしがき》の登場である。「醂《さわ》す」という言葉は、もともとカキの実の渋みを抜くという意味。みりん（味醂）の醂の字だと知ると、わかったようなわからないような気持ちになる。

要するに、人為的かつ強制的に渋みをなくすやり方なのだ。

まずは湯抜きである。具体的には40℃前後のお湯に半日ほど漬けて渋みを抜く方法だ。湯抜きした実は日持ちしないものの、江戸時代初期には一般的な手法として定着していた。

次が樽抜きだ。こちらは空いた酒樽《さかだる》にカキを入れ、1週間以上密閉して渋みを抜く方法である。おそらく偶然の出来事から始まったのだろう。こうしてでき上がったカキは樽柿《たるがき》と呼ぶ。樽柿がつくられるようになったのは江戸時代中期である。

私たちのご先祖様は江戸時代に、フグの卵巣に含まれる猛毒テトロドトキシンを糠漬《ぬかづ》けにして無毒化する方法を発明している。カキの渋抜きぐらいは苦労のうちに入らなかったはずだ。

青果売り場に並んでいる生柿は、甘柿だとは限らない。現在カキの産地では、高濃度の炭酸ガスで大量の「平核無」や「刀根《とね》早生」を脱渋処理しているためだ。樽柿同様に酸素不足によって呼吸が抑えられ、ピルビン酸が正常に分解されなくなり、ピルビン酸からアセトアルデヒドが作られるようになる。このアセトアルデヒドが渋柿の水溶性タンニンと結合して不溶化し、渋く感じられなくなるわけだ。脱渋した「平核無」や「刀根早生」のほうが、完全甘柿の「富有」よりも果肉はなめらかであり、こちらを好む人も大勢いる。

湯抜きで渋が抜けるのは、果実内に生成されたエタノールによってアセトアルデヒドが作られるからだったのだ。

通常干柿は皮をむき、雨が当たらず風通しのよい場所でじっくり乾燥させてつくる。

また、干柿をつくる際に皮をむいてから干すのは、実が呼吸できなくするという意味で理にかなっている。

なお干柿の表面にできる白い粉状の物質は、カキの実からにじみ出た果糖やブドウ糖が結晶したもの。柿霜とも呼ばれる。

岩手県釜石《かまいし》市甲子《かっし》地区には、変わった製法で脱渋されるカキがある。「小枝柿《こえだかき》」という渋柿を室《むろ》に入れ、薪を燃やして約1週間燻《いぶ》し続けてつくるのだ。こうしてできた「甲子柿《かっしがき》」の外見は、まるで完熟トマトのような鮮紅色に変化し、果肉はさながらゼリーのように柔らかくなる。

信長、秀吉、家康がこぞって利用した堂上蜂屋柿

干柿のブランドとしては「堂上蜂屋」が一番だ。貫禄《かんろく》たっぷりな見た目もそれを後押ししている。堂上蜂屋柿は、縦長で大きく果肉が緻密で種子が少ないうえに、大きい果実のわりに水分が少ない特徴がある。そのため干柿にした際の重さは、ふつうの干柿の約2倍にもなる。

「堂上」とは、朝廷への昇殿を許されたという意味だ。

1188年（文治《ぶんじ》4年）、蜂谷甚太夫がこの干柿を源《みなもとの》頼朝《よりとも》に献上した際に、頼朝から蜂蜜の甘みがあると賞賛され、村とカキに蜂屋の名を給《たま》わったとの伝説が残る。それまでは「志摩」という地名で呼ばれていたとされる。

蜂屋村は中山道太田宿《なかせんどうおおた》のすぐ北に位置した。岐阜県美濃加茂市《みのかも》蜂屋町上蜂屋《はちやちょうかみはちや》にある瑞林寺《ずいりんじ》は、文明《ぶんめい》年間（1469〜87）に創建された。瑞林寺を創建した仁済《じんさい》和尚は、室町幕府第10代将軍足利義稙《よしたね》に蜂屋柿を献上したと伝えられている。このとき、義稙は瑞林寺を柿寺と名づけてもいる。

干柿は平安時代に朝廷への献上品となり、以来天皇や歴代将軍に献呈され続けた。「堂上蜂屋」の場合は、室町時代の足利将軍から、織田信長《おだのぶなが》、豊臣秀吉、徳川家康にいたるまでだ。理由は品質が抜きんでていたからに違いない。もちろんブランドという点でもだ。

信長、秀吉、家康の3人が3人とも、それぞれ重要な場面で干柿を用いている。

信長は、茶席でポルトガルの宣教師ルイス・フロイスに箱入りの蜂屋柿をふるまった。

キリスト教布教を許可する允許状《いんきょじょう》を京で与えられたお礼のために、1569年（永禄《えいろく》12年）にフロイスが岐阜城に参上したときである。フロイスは自著『日本史』に美濃《みの》（現岐阜県南部）の干しイチジクと記載しているが、イチジクは日本には存在しなかったし、逆にカキはヨーロッパに存在しなかったため、干柿の間違いだとされる。美濃産とくれば、堂上蜂屋柿であった可能性は高い。

秀吉は、蜂屋村に諸役免除の特典を与えている。

1597年（慶長2年）12月には、朝鮮から戻った毛利輝元《もうりてるもと》を伏見城《ふしみじょう》の奥座敷に招き慰労した。その際に、秀吉は当時5歳の秀頼《ひでより》から輝元にのし柿を与え、輝元は大感激したと伝えられる。のし柿とは、干柿をのしたものであろう。輝元は3本の矢で知られる毛利元就《もとなり》の孫だ。

その後秀吉は、徳川家康、前田利家《まえだとしいえ》、小早川隆景《こばやかわたかかげ》、宇喜多秀家《うきたひでいえ》とともに、毛利輝元を五大老に定め、秀頼の後見役に任じた。

1600年9月、家康は大垣城《おおがきじょう》にたてこもる石田三成《いしだみつなり》らの西軍を討つべく出陣。岐阜城から美濃赤坂《みのあかさか》への行軍途中、墨俣《すのまた》宿で瑞林寺の江国和尚が村民とともに大きな蜂屋柿を家康に献上したと伝えられている。時は関ヶ原の戦いの前日であった。

家康は「早速大がき手に入る吉兆」と大いに喜び、諸役免除継続を約束したと伝えられる。

天下取りを果たした家康はさらに、1605年に蜂屋村を御菓子場に指定してお役御免とし、諸役免除に加えて年貢米を軽減した。

処刑直前に石田三成が発した名言

豊臣秀頼からのし柿を与えられ大感激した毛利輝元であったが、西軍総大将として関ヶ原の合戦に参戦すべく大坂城《おおさかじょう》に入ったにもかかわらず、出陣することはなかった。石田三成の参戦要請にも応じなかったのである。理由は秀頼を守るためだったとも言われる。

石田三成も干柿好きで知られる人物だ。『茗話記《めいわき》』と『明良洪範《めいりょうこうはん》』に次のような干柿のエピソードを残している。

捕らえられた三成は、二条城《にじょうじょう》の北側にあった京都所司代に監禁された。1600年（慶長5年）9月28日に市中引き回し、10月1日に京都六条河原《ろくじょうがわら》で処刑されて首は三条河原《さんじょうがわら》に晒《さら》されている。

この処刑直前に、喉の渇きを覚えた光成が白湯《さゆ》を求めたときの話である。警固の者が白湯は手に入れづらいので代わりに持っていた干柿を勧めたところ、三成はカキは痰《たん》の毒だからと断った。これを聞いた警固の者は、もうすぐ首をはねられる者がそんなことを気にするなどと大笑い。当の三成はというと、大義を思う者は首をはねられる瞬間まで命を大切にして、何としてでも本意を達しようと思うものだ、と彼に言い返したのだそうだ。

一度は絶えてしまった堂上蜂屋柿

美濃名物となった蜂屋柿の生産量が一番多かったのは、寛文年間《かんぶん》（1661〜73）であった。天下泰平の世に変わり、各地の干柿に対する堂上蜂屋柿の優位性は低下していったと考えられる。砂糖が流通するようになった影響も大きかったであろう。目立った動きとしては、1755年（宝暦《ほうれき》5年）に大垣で創業した槌屋《つちや》の四代目右助《うすけ》が1838年（天保9年）に堂上蜂屋柿を使った柿羊羹《かきようかん》を考案したぐらいだ。

生産は減り続けていたものの、1921年（大正10年）頃にはまだ約30戸の農家が堂上蜂屋柿をつくっていた。しかし養蚕に切り替えるほうが儲かったため、昭和のはじめには「蜂屋」は伐採され、蜂屋柿を作る農家はひとりもいなくなった。と同時に干柿の製法の伝承も途絶えてしまったのである。

1930年（昭和5年）、蜂屋町の村瀬俊雄がひとり蜂屋柿の復活を決意する。このときすでに、町内に残る柿の木のどれが本物の「蜂屋」なのかもわからなくなっていた。村瀬はある庭先で見つけた「蜂屋」の枝をもらい、自宅のカキに接ぎ木した。だが翌1931年には満州《まんしゅう》事変が勃発し、村瀬は出征する。戦地から家族に宛てた手紙で、貴重な「蜂屋」を枯らさないように消毒の指示をしたほどという。

戦後、村瀬はひとりで蜂屋柿の販売を始めるかたわら、町民に復活を呼びかけ続けた。その結果ついに、1977年に20人での蜂屋柿振興会が結成され、美濃特産堂上蜂屋柿は復活を果たしたのである。

干柿の一大ベストセラーの裏には1929年の世界恐慌

市田柿は市販されている干柿のなかでもっとも流通量が多い。2021年（令和3年）の全国シェアは50・4％を占めたほど。生産量は、2966・5tである（特産果樹生産動態調査）。市田柿ならではの特徴は、干しあがった果肉の透明感ある色の美しさ、白い柿霜とのコントラストだ。

小ぶりの「市田柿」の起源については諸説ある。信濃《しなの》国伊那《いな》郡下市田《しもいちだ》村《むら》（現長野県下伊那《しもいな》郡高森町下市田《たかもりまちしもいちだ》）には、遅くとも500年以上前から存在していたようだ。

高森町や飯田《いいだ》市がある地域は、中央アルプスと南アルプスに挟まれた天竜川《てんりゅうがわ》が流れる谷あいの盆地である。伊那谷《いなだに》の柿すだれは、市田柿ならではの秋の風物詩だ。柿すだれとは、一本の紐《ひも》に皮をむいた柿をいくつも結んだものを、軒先に無数に吊《つる》した様をいう。

この地域のブランド柿であった「立石柿《たていしがき》」にせよ「市田柿」にせよ、カキは他の作物が育たない場所に植えるのが当たり前の時代。各戸には数本がふつうだったろう。

そのような中で、上沼正雄《かみぬままさお》が1907年（明治40年）頃に2haを開墾し「市田柿」を200本植える。「市田柿」は実質このときから始まった。さらに上沼は干柿としての市田柿の品質向上にあらゆる方法を試したパイオニアでもあった。

次のきっかけは1921年（大正10年）に、橋都正農夫《はしづめまさのぶ》が行った「焼柿」から「市田柿」への名称変更申請だ。焼柿とは串にさして焼いて渋抜きしたカキで、市田柿も以前はそう呼ばれていた。橋都は焼柿という一般名称から、地名を冠したブランド名に切り替えたのである。東京市場に出荷する際に決めた英断ではあった。が、実際にはこのときの東京進出は失敗に終わっている。他産地の干柿と比べて、味も見た目も劣っているとみなされたためだ。

1929年（昭和4年）からの世界恐慌で生糸や繭《まゆ》が大暴落したため、市田村では養蚕から干柿生産への転換が徐々に進んだ。1948年以降になり、ようやくカキは他の作物を育てられない土手に植える果樹から主要果樹の位置づけになった。そして1960年頃には、圃場でのカキ栽培が一気に広がったのである。

1969年には、県が6本の優良母樹を選定し、以降はこれらのみが増殖され均一性が向上した。「市田柿」の品質向上とブランド価値向上の実現には、JA信州高森（現JAみなみ信州）が大きく貢献している。

人気のブランド干柿の地位を築いたからこその悩みが市田柿にはある。干柿生産者の減少と高齢化により、人手頼みのやり方では数量の確保が難しくなってきていることだ。

そこでJAみなみ信州は2つの取り組みを進めた。ひとつは工場での干柿製造とパッキングである。農協主導で機械乾燥を進めているというわけだ。工場内であれば、衛生管理も品質管理も万全である。何より人海戦術で対応しなくてすむ利点がある。2013年（平成25年）に市田柿工房を稼働させ、２０１９年には倍の生産量に増設した。

もうひとつの問題としては、干柿生産者のもとでの衛生管理が挙げられる。２０１８年に公布された「食品衛生法等の一部を改正する法律」により、「ＨＡＣＣＰに沿った衛生管理」が制度化されたことへの対応だ。

市田柿のブランド価値をさらに高め、海外輸出を強化するために、衛生管理基準を高めたのである。結果として、販売用の干柿については、屋外の柿すだれではなく、網戸の内側で乾燥されるようになった。

安全性の向上を優先するのか、昔ながらの伝統と景観を優先するのか。さらに生産量を維持しながら、いかにして省力化を進めるか。

伊那谷に限らず、柿すだれの光景を後世に残すのは難しい時代になってきた。

毛利軍の兵糧調達で始まった島根の干柿

島根県松江市と鳥取県米子《よなご》市のちょうど中間あたり、北に中海《なかうみ》を望む傾斜地に干柿の名産地がある。松江市東出雲町《ひがしいずもちょう》の畑《はた》地区がそれだ。ここは湿度が低く風の通りがよいため、干柿づくりに向いている。

畑地区の特徴といえば何といっても、瓦屋根が乗った立派な柿小屋に下がる柿すだれの光景だ。母屋よりも屋根が高い柿小屋一面に下がり、日の光を浴びて輝くその様は、柿色というよ

畑地区の柿すだれ（写真・畑ほし柿生産組合）

りオレンジ色の電飾のよう。広い空、柿小屋、里山に植えられた柿の木を収めに、毎年11月には全国から大勢のカメラマンが集まる。柿小屋の景観を守るために、当面網戸はつけない方針だそうだ。

　このあたりに干柿づくりが伝わったのは戦国時代。安芸《あき》国（現広島県西部）の毛利元就が出雲《いずも》国（現島根県東部）の尼《あま》子《ご》氏と合戦を繰り広げた頃、毛利軍の兵糧調達によってだとされる。たしかに、1566年（永禄9年）に毛利軍が落とした、尼子家の居城月山富田城《がっさんとだじょう》が近くにある。

　畑地区には、1809年（文化6年）に柿小屋が建造されたとの記録も残る。

「まる畑ほし柿」は「西条」という品種からつくられる。先に「西条」について紹介しておこう。

「西条」は、安芸国賀茂《かも》郡西条《さいじょう》村（現広島県東広島《ひがしひろしま》市西条町寺家《さいじょうちょうじけ》）にある長福寺《ちょうふくじ》で発見されたと伝えられている。１２３８年（暦仁《りゃくにん》元年）12月29日の夜、長福寺の僧良信《りょうしん》が夢のなかで、本尊の薬師如来から告げられた話がきっかけだ。良信はお告げどおり、弟子の信常《しんじょう》に黄金10枚を持たせて鎌倉の永福寺《ようふくじ》に遣わし、カキの種を求めさせた。永福寺でこの黄金を供えて祈禱《きとう》してもらったところ、黄金を持ち上げるとカキの種がついていたのだそう。信常が長福寺に戻ると、良信に再び夢のお告げがあった。種と黄金を鎮守堂の脇に埋めよというのである。はたして芽を出したカキは、７年目に12個の実をならし、良信が干柿にしたところすばらしい味になったという。

おいしい干柿が献上品として重宝されていた時代である。「西条」は各地に広まっていった。甲斐《かい》国（現山梨県）では武田信玄《たけだしんげん》が「西条」の栽培を奨励した。甲斐特産、峡中八珍果《きょうちゅうはっちんか》のカキは「西条」だともいわれる。

さて、島根県は県内の「西条」の特性を調査し、１９５９年（昭和34年）に優良母樹を５本指定している。その際には、５本中４本が畑地区から選ばれた。まる畑ほし柿は、それだけ品質にこだわって作られてきたという証拠であろう。

畑ほし柿生産組合は17戸。全員がエコファーマーになっている。高齢者ばかりの小さな産地だとはいえ、その取り組みは若々しい。生産組合として若い青柿から取れるカキエキスを用いたオリジナル商品の開発にも取り組み、石鹸《せっけん》、シャンプー、ボディソープ、ハミガキなど、組合員自ら家族全員で使用感を評価したうえで商品化している点も特徴的だ。

「お金になるとわかったら皆がまめに摘果するようになり、カキの品質も上がった」と干柿に限らず畑地区のために走り回ってきた冨士本数彦《ふじもとかずひこ》は笑う。

生産組合のメンバーの明るさの理由が、別れ際の冨士本のひと言でわかったような気がした。

「人口減少はしかたがない。ただただ皆で楽しくやりたい」

2 生食用の甘柿

世界初の甘柿は東の高野山で発見された

ここからは生食用のカキの物語に移りたい。

人類にとって長い間、カキの実はそのままでは食べられないほど渋いもの。干柿にして食べるか脱渋して食べるかしかない果物であった。なぜなら、そのままかじって渋くない甘柿など、世界中どこにも存在しなかったからだ。

世界初の甘柿は、カキの原産地である中国ではなく、日本で見つかった。武蔵《むさし》国都筑《つづき》郡王禅《おうぜん》寺《じ》村（現神奈川県川崎《かわさき》市麻生《あさお》区）の王禅寺《おうぜんじ》の山中で発見されたのである。

王禅寺は平安時代に開山され「東の高野山《こうやさん》」ともいわれる。伽藍《がらん》は1333年（元弘《げんこう》3年）に起きた新田義貞《にったよしさだ》の鎌倉攻めで焼失。この王禅寺の再建を、朝廷から命じられたのが等海《とうかい》上人である。1370年（応安《おうあん》3年）、等海上人が建材となる木を探し歩いた際に、九十九谷で熟した実をならした老木を見つけたのがはじまりだ。この実を食べてみたところ、他のカキと比べ物にならないほどおいしかったため、上人が境内の柿の木に接ぎ木をしたと言い伝えられている。寺領の農家にこのカキの栽培を勧め、100年後には一大産地になっていたようだ。

江戸幕府が開かれて以降、この品種は江戸市中で知られる名産品となった。果実が珍しい丸型であったため当初は「王禅寺丸」と呼ばれていたが、元禄の頃から「禅寺丸」と略され盛んに増やされた。

「禅寺丸」は、1214年（建保《けんぽう》2年）に発見されたとよく書かれているが、その出典は明らかにされていない。言い伝えはあくまでも言い伝えでしかないものの、等海上人が見つけた「禅寺丸」は老木であり、甘柿がこの世に登場したのは13世紀頃で変わりはなさそうだ。

明治維新後には「禅寺丸」への関心は薄れ、木も伐採されている。ところが東京と横浜の急速な人口増に伴って、「禅寺丸」人気が復活し、それ以前を上回る需要となった。

このような背景もあったのだろうか。1889年（明治22年）、地方自治法の町村制実施の際に、王禅寺周辺の村は合併され、柿生《かきお》という名の村が生まれたのである。

柿生の地名は、それからちょうど半世紀後の1939年（昭和14年）に消えてしまう。柿生村が川崎市に編入されたためだ。幸いにも1927年に小田急《おだきゅう》線の柿生駅が開業していたことで、柿生の名はいまも多くの人の目に触れている。

北原白秋は1935年にはじめて王禅寺周辺を散策している。その際に白秋は王禅寺をいたく気に入り、すぐに再訪したほど。このときの出来事は、1942年に出版された『香《にお》ひの狩猟者』のなかの「王禅寺に想ふ」という掌篇にまとめられている。

驚くのは、王禅寺の光景を、短歌にも詩にもできていないと白秋自身が記していることだ。訪問から8年後に出版された歌集『橡《つるばみ》』に掲載された長歌は、こう始まる。

柿生ふる柿生の里、名のみかは禅寺丸柿、山柿の赤きを見れば、まつぶさに秋か闌《た》けたる、柿もみぢ散り交ふ見れば、いちはやし霜か沍《さ》えたる……

「禅寺丸」はといえば、東北産リンゴや神奈川産ミカンが首都圏に大量に供給されるようになり、さらには「富有」の登場によって市場から姿を消していった。

だがどっこい「禅寺丸」はひそかに現役で活躍し続けている。ほとんど雌花しかつけない「富有」と開花期が合うため、「富有」などの授粉樹として産地ではいまも重宝される存在なのである。

300年の時を経てあの名句を生んだ御所柿

「禅寺丸」は不完全甘柿であり、江戸時代になるまで完全甘柿は存在しなかった。

史上初の完全甘柿「御所《ごしょ》」は、1686年（貞享《じょうきょう》3年）にまとめられた山城国《やましろ》（現京都府南部）についての地誌『雍州府志《ようしゅうふし》』にはじめて登場している。発見されたのは大和国《やまと》葛上《かつじょう》郡御所《ごせ》町（現奈良県御所《ごせ》市）だ。完全甘柿は、不完全甘柿よりも約3世紀遅れて登場したことになる。

はたして「御所」は大人気となり全国に広まった。そして「御所」は、それぞれの土地の品種と交雑し、日本のカキの多様性をさらに進めたのである。

「花御所《はなごしょ》」「晩御所《おくごしょ》」「天神御所《てんじんごしょ》」「袋御所《ふくろごしょ》」「水御所《みずごしょ》」「藤原御所《ふじわらごしょ》」「蓆田御所《むしろだごしょ》」など「○○御所」という品種がたくさん存在するのは、各地で発見された枝変わりや、「御所」の血を引く新品種だからだ。「富有」も「居倉御所《いくら》」の枝変わりである。

完全甘柿「御所」は、私たち日本人のカキに対する印象を大きく変えてもいる。

正岡子規は1895年（明治28年）10月24日から3日間、奈良で遊んでいる。5月に神戸で入院し、故郷松山で療養した後に、東京に戻る途中での話である。子規が泊まった宿は、奈良屈指の老舗旅館、対山楼角定《たいざんろうかどさだ》であった。子規は『くだもの』のなかの一編「御所柿を食いし事」で、このときの様子を次のように記している。

「此時は柿が盛になっておる時で、奈良にも奈良近辺の村にも柿の林が見えて何ともいえない趣であった。柿などというものは従来詩人にも歌よみにも見離されておるもので、殊に奈良に柿を配合するという様な事は思いもよらなかった事である。余は此新たらしい配合を見つけ出して非常に嬉《うれ》しかった。或夜夕飯も過ぎて後、宿屋の下女にまだ御所柿は食えまいかというと、もうありますという。余は国を出てから十年程の間御所柿を食った事がないので非常に恋しかったから、早速沢山持て来いと命じた」

「やがて柿はむけた。余は其を食うていると彼は更に他の柿をむいでいる。柿も旨《うま》い、場所もいい。余はうっとりとしているとボーンという釣鐘の音が一つ聞こえた。彼女は、オヤ初夜が鳴るというて尚柿をむきつづけている。余には此初夜というのが非常に珍らしく面白かったのである。あれはどこの鐘かと聞くと、東大寺の大釣鐘が初夜を打つのであるという。東大寺が此頭の上にあるかと尋ねると、すぐ其処《そこ》ですという」

初夜の鐘とは午後8時にならす鐘である。この日詠まれた句がこれだ。

長き夜や初夜の鐘撞《つ》く東大寺

この2日後10月26日に作られた「柿食へば鐘が鳴るなり法隆寺」は、「御所」のおかげで生まれたと言っては言い過ぎだろうか。

10月26日は、全国果樹研究連合会によって2005年（平成17年）に「柿の日」に制定された。

西吉野のカキと柿博物館

子規の句のおかげで、奈良県がカキの名産地であることは誰もが知っている。その反面、奈良盆地がカキの産地だと思い込んでしまっている人も多い。

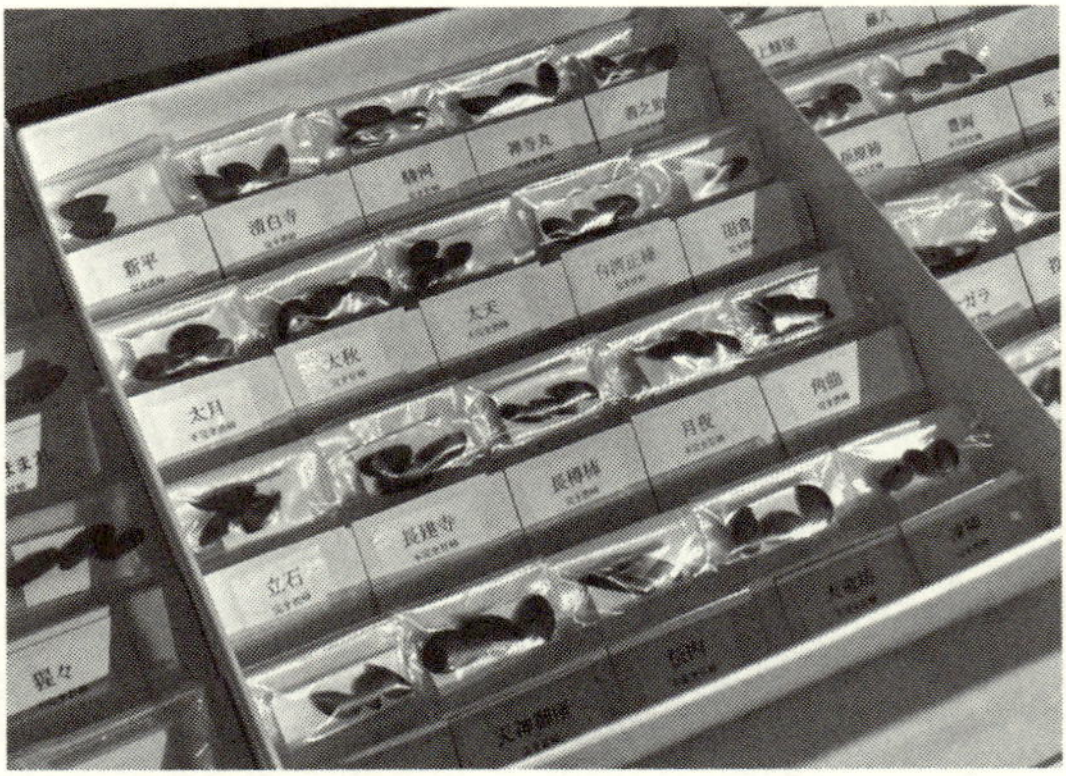

柿博物館のカキの種のコレクション（著者撮影）

だが実際にはそうではなく、五條《ごじょう》・吉野《よしの》地域が県内カキ生産地の9割以上を占めている。都道府県別のカキの生産量で、奈良県は和歌山県に次ぐ第2位であるにもかかわらず、五條市は市町村別の生産量で日本一の大産地なのである。

また奈良県は、「富有」をもっとも多く生産している県でもある。

吉野郡西吉野《にしよしの》村《むら》（現五條市西吉野《にしよしの》町《ちょう》）では、1919年（大正8年）頃からカキの生産が始まった。1921年の大寒波により、温州みかんが壊滅したことを契機に、この地域では柑橘からカキへの転作が一気に進んだ。その際に植えられた品種が「富有」であった。

昭和30年代から40年代にかけては、西吉野村一帯の丘陵から金剛山《こんごうさん》の麓一帯にまで柿畑が造成され、西吉野ならではの独特の景観が生み出された。

対向車もなく、どこに連れていかれるのか心配になるような道を通って、ようやく柿博物館にたどり着く。柿博物館は、奈良県果樹・薬草研究センター併設のカキだけの博物館だ。入館料は無料。開館したのは1994年（平成6年）で、建物は色づいたカキの果実を模している。個人的に一番気に入った展示は、常時142品種が並べられているカキの種のコレクションだ。種子の形がバリエーションに富んでいることがひと目で理解できる。秋の収穫シーズンには、センター内で栽培されている200を超える品種のうち、約160品種の果実も展示される。

館内以上に、駐車場から南側を眺めた景色がすばらしい。見渡す限り一面に、やさしく輝きを帯びた柿の葉が広がる光景は、一望に値する。

奥大和の山奥にカキで人を呼ぶ柳澤果樹園

西吉野町には王隠堂《おういんどう》という珍しい苗字《みょうじ》がある。由緒深いとしか思えない姓には、このようないわれがある。1336年（延元《えんげん》元年）12月、足利尊氏《たかうじ》に追われ吉野に逃れる途中の後醍醐《ごだいご》天皇一行を、西吉野町の賀名生《あのう》で匿《かくま》ったことにより与えられた名前なのだそうだ。

賀名生皇居跡から吉野川《よしのがわ》の支流丹生川《にゅうがわ》を渡り、2021年（令和3年）に開校したばかりの西吉野農業高校を通り過ぎたあたりまでは走りやすかった道が、山に入ると一変する。軽自動車で来なかったことを後悔する道幅。カーナビを信じ抜く勇気が必要な道だ。

民家の庇《ひさし》をかすめて進み、行き止まった先に目指す柳澤《やなぎさわ》果樹園の母屋があった。柳澤果樹園はカキの一大産地のなかにありながら、カフェや1日1組限定の露天風呂つきグランピング施設を園内に設けるなど、新たなチャレンジを続けている。

それなのに、駐車場からはどちらの施設も目に入らない。城壁のような石積みの壁と母屋の間の隙間を恐る恐る抜けていくと、白壁のcaféこもれびが目に飛び込んでくる。

柳澤果樹園は五條・吉野地域では中堅の規模。園主は3代目の柳澤佳孝《よしたか》だ。

柳澤の説明は、大小問わずすべての活動について具体的な金額が出てくるところが、農家らしくない。柿づくりに打ち込む父の仕事ぶりを尊敬しつつも、忙しいだけで利益の残らない家業に疑問を抱き、大きい商売をしたいとカンボジアで起業し、ドライフルーツ事業で苦労した経験が、そうさせるのだろう。この起業が、失敗に終わった結果もあわせてだ。

山里の集落である。ご近所から後ろ指を指されつつ、傷心の身で家業を継ぐしかなくなった柳澤は、家業の経営改革に突き進む。まずは農協から抜けて、直販に舵《かじ》を切った。柿ジャムも開発。続いてカフェ経営に乗り出す。

母屋の隣、五條一帯を見下ろす高台に建てられたcaféこもれびは、そこだけが小洒落《こじゃれ》ていて異質な空間だ。デザイン・設計はほぼすべて、施工も6割は柳澤が自力で行い、農閑期を使って創り上げたのだという。

はたしてカフェ経営は初年度から黒字を達成。これまた手作りの石窯焼きのピザと眺望目当てに、客が途絶えない。平日は奈良県内から、休日は大阪・神戸から足を延ばしてもらえるのだそうだ。客層は60～70代の女性が多く、この人たちに直径25㎝の薄い生地のピザ1枚を食べ切る達成感を感じてもらうのも狙いのひとつなのだそう。さらにカキを使ったデザートピザまである。

2014年(平成26年)、雑誌『日経レストラン』の特集記事「あの悪立地に、どうして人が集まるのか?」で紹介されたことで、人気に火がついたのだそうだ。

カフェに続いてオープンしたのがグランピング施設だ。園内で一番高い場所に建てた施設は、屋上に登ればほぼ360度を見渡せ、青空と星空を独り占めできる。café こもれびの2階は、宿泊客用の露天風呂になっている。

幼い頃から果樹園から眺める景色が大好きだったと語る柳澤が、小学生のときに描いた夢は、ここに露天風呂とカフェをつくることだったそう。やむなく家業を継ぎ、この夢を実現してしまった柳澤は、うれしそうにこう語ってくれた。

「ロールスロイスでここまで来てくださったお客さんがいるんですよ」

柳澤は、豊作貧乏を回避するため、過去の経験を生かし、海外輸出の販路開拓にも乗り出している。

柿の葉寿司専用品種がある

奈良県の郷土料理といえば、柿の葉寿司《ずし》が筆頭だろう。塩で締めた鯖《さば》や鮭《さけ》を酢飯と一緒に柿の葉で包んだ押し寿司は、柿の葉の香りと魚の旨味《うまみ》と酢飯が一体となり、風味を増す。夏祭りのご馳走《ちそう》だったと聞くと、さらに味わい深くなる熟《な》れずしだ。

柿の葉寿司がつくられるようになったのは、江戸時代中期である。熊野灘で獲れた鯖の内臓を取り除き、そこに塩を詰めて塩漬けにした「浜塩」の鯖が、東熊野《ひがしくまの》街道を通って吉野に届けられた。吉野が塩鯖《しおさば》を腐らせずに届けられる限界の距離だったようだ。谷崎潤一郎《たにざきじゅんいちろう》も随筆『陰翳礼讃《いんえいらいさん》』のなかで、新巻鮭《あらまきざけ》の柿の葉寿司のうまさとその作り方を紹介し、物資に乏しい山里の知恵を激賞している。

包材として柿の葉を使ったのは、飯や餅がくっつかずもっとも手に入れやすく安価なものを使う生活の知恵であった。いまの暮らしでのアルミホイルやラップ代わりだ。包む際の柿の葉自体の抗菌効果は低いため、衛生面を目的にしていたとは考えにくい。

さて、現代の柿の葉寿司はどうなっているのだろうか。特に柿の葉がどのようにして調達されているのかが気になるところだ。五條・吉野地域のスーパーでは、いまでも夏に柿の葉が販売される。

1861年(文久元年)創業、柿の葉ずし平宗《ひらそう》の便利館で、手作り体験をしつつ、調べてみた。

いまは奈良県産の葉は一部で、他県産や中国産が多く使われているのだそう。「平核無」「刀根早生」といった葉の大きな渋柿の葉が使用される。かつては吉野郡原産の「法蓮坊」の葉が使われていた。

幅10㎝以上、長さ15㎝以上の葉にするには、柿の葉生産専用の栽培方法が必要となる。葉と果実の両方を生産することは不可能で、柿の葉の生産者はすべて摘果して葉だけを収穫している。柿の葉寿司に用いる葉は、6~8月に収穫した若葉を塩蔵したものだ。塩蔵するのは葉の青さを保つためと一年中使えるようにするためである。

柿の葉は光沢を帯びているため、紅葉の鮮やかな色彩も非常に映える。紅葉で包んだ柿の葉寿司は、かつては秋だけの限定品であった。それが最近では年中販売されている。ビタミンCと塩を溶かした保存液に漬けて冷蔵することで、紅葉した柿の葉を美しいまま長期保存できるようになったためだ。

カキには、美しい紅葉を目的とした品種も存在する。濃い紅色になる「錦繍《きんしゅう》」と「朱雀錦《すざくにしき》」、オレンジがかった明るい赤になる「丹麗《たんれい》」などだ。

「富有」の名の由来は中国の古典から

岐阜県東濃《とうのう》といえば「富有」が生まれた土地として名高い名産地だ。平らな土地に整然と柿の木が植わっているのも岐阜県ならでは。ナシでは見慣れた景色だが、カキでは珍しい。それもそのはず、水稲からの転作として元水田に植えられているからだ。

「富有」誕生の物語は、江戸時代末期から始まる。

1820年（文政3年）、美濃国大野《おおの》郡居倉村《いくらむら》（現瑞穂《みずほ》市居倉）に住む小倉八平の母ノブが、屋敷の東側に「御所」の苗木を植えた。居倉村は長良川《ながらがわ》と揖斐川《いびがわ》に挟まれた地域である。「居倉御所」と呼ばれるカキの名産地のなかでも、この木は特においしいと近所で評判であった。

「富有」の育成者は、同じ地域に住む福嶌才治《ふくしまさいじ》である。1884年（明治17年）、家主である小倉長蔵からこの木の枝をもらった福嶌は、自宅のカキに接ぎ木する。これが出発点だ。

福嶌は医学を学んだものの健康を損ねてその道を断念していた。農家でもないのに、その情熱をカキに向けた。8年後の1892年、福嶌は岐阜県の品評会に「居倉御所」として出品し、いきなり1等賞に輝くのである。

接ぎ木を重ねることで、優れた品種を生み出したらしい。1898年には「富有」の名で出品し、再び1等賞を獲得した。

「富有」の名は、中国の古典『中庸《ちゅうよう》』第17章の「子曰、舜其大孝也与。徳為聖人、尊為天子、富有四海之内、宗廟饗之、子孫保之」から取られた。

1903年には、興津の農事試験場園芸部長恩田鉄弥の指導で、苗木を作りはじめる。苗木の販売は、1907年に隣村の友人松尾勝次郎に20本売ったのが初だという。福嶌は1919年（大正8年）に55歳で亡くなってしまうが、その後は松尾勝次郎が「富有」の普及に尽力した。

銀座千疋屋の斎藤義政《さいとうよしまさ》は、富有柿は昭和のはじめまでそれほど美味なカキではなかったと書き残している。栽培技術の進歩で甘みが非常に増し、味に深みも備わるようになった、と。いまもカキで栽培面積1位の座を守り続けている「富有」もまた、生産者の創意工夫によって潜在能力を発揮できた品種だといえよう。

蚕糸業界のドンが庄内柿の父と呼ばれた理由

山形県には、1868年（慶応《けいおう》3年）、江戸の薩摩《さつま》藩上屋敷の焼き討ちを実行して戊辰《ぼしん》戦争の口火を切り、会津《あいづ》藩と会庄《かいしょう》同盟を結成、ともに新政府軍の討伐対象となった庄内《しょうない》藩があった。

実質、廃藩・流刑となった会津藩とは異なり、比較的軽い処分ですんだ庄内藩は、1872年（明治5年）、月山《がっさん》山麓の原生林開墾に着手する。松ヶ岡《まつがおか》（現鶴岡《つるおか》市羽黒町松ヶ岡《はぐろまちまつがおか》）の開墾は、庄内の産業発展と藩士の救済を目的としていた。蚕糸業を興し、桑の生産から絹織物の製造までの一貫体制を構築するためだ。

鶴岡は、こうして日本最大の蚕室群松ヶ岡開墾場に代表される国内最北限の絹産地に発展したのである。いまなお続く鶴岡の絹産業の歴史は、「サムライゆかりのシルク」として2017年（平成29年）に日本遺産に指定されている。

1888年、庄内蚕糸業組合長となった酒井調良《さかいちょうりょう》は、藩主酒井家の血筋、庄内藩家老酒井了明《のりあき》の次男である。にもかかわらず、酒井調良は「庄内柿の父」として名を残した。調良はまた、1879年に庄内地方にはじめてリンゴを植えた人物でもある。

鶴岡市の鈴木重行が1885年に新潟の行商人から苗木を購入したところ、そのうちの1本が種の入らない変わったカキであった。調良はそのカキの価値に気づき、1890年にもらい受けて増殖を始める。そして1893年には果樹園を開設するのだ。東京帝国大学初代農場長の原熙《はらひろし》が1909年にこのカキを「平核無」と命名する前までは、「調良柿」と呼ばれていた。

調良は酒樽を用いた樽柿の生産にも取り組んだのだが、何年経《た》ってもこちらは脱渋の失敗が続き、事業自体の継続が危ぶまれる状況にまで追い詰められる。だがついに、1925年（大正14年）に焼酎脱渋法を確立。販路を拡大し、庄内産カキの名声を世に轟《とどろ》かせた。

ところが新潟県の「八珍《はっちん》」と「平核無」は同じではないかという話が持ち上がり、両県で本家争いが勃発してしまう。この騒動は、1931年（昭和6年）に新潟県農業試験場が、新津《にいつ》町古田《こだ》（現新潟市秋葉《あきは》区古田）の川崎栄三郎の屋敷で「タネナシ」と呼ばれていた接ぎ木跡のない原木を見つけて同じものだと決着した。この木は1734年（享保19年）に植えたものという記録とともにである。

鶴岡で「平核無」の名を与えられた「八珍」の原木は、県指定天然物に指定され、樹高16ｍの姿を誇っている。遠目にはとても柿の木だとは思えない。

「平核無」の枝変わりに「刀根早生」がある。奈良県天理《てんり》市の刀根淑民《よしたみ》によって発見され、1980年に品種登録された。「平核無」よりも2週間早生となり、奈良県では9月半ばからの収穫が可能になった。産地での渋柿の収穫期間を延ばし、生産者の収入を増やした名品種だ。新潟県では、JA出荷の「平核無」と「刀根早生」のみ「おけさ柿」のブランドを名乗れる。

カキの収穫量日本一は和歌山県

カキの収穫量日本一は和歌山県で、19・4％を占めている。特に「刀根早生」の生産量が多く、こちらは全国の60％を超えている。

和歌山では、安土桃山《あづちももやま》時代から柿渋の搾汁を目的として、カキが栽培されていた。だが、カキの産地として発展したのはずっと後である。

1907年（明治40年）に伊都《いと》郡見好《みよし》村島《しま》（現かつらぎ町《ちょう》）の山本長左衛門が「富有」の苗木を50本、東京の農園から仕入れて植えたのが初だとされる。これ以降、さまざまな経路で県内各地に「富有」が植えられた。福嶌才治の「富有」の評判を聞きつけてというタイミングだ。

「平核無」の導入は1921年（大正10年）であった。大正末頃からは産地として発展し、北部の和歌山市に注ぎ込む紀《き》の川《かわ》両岸が名産地となっていく。

１９５３年（昭和28年）には、県内の栽培品種は「富有」が81・6％、「平核無」が9・8％を占めていた。１９７２年の温州みかん大暴落を契機に、昭和50年代には温州みかんからカキへの転作が進み、栽培面積も増えた。

１９８９年（平成元年）には甘柿と渋柿の生産面積が逆転し、２００３年には「刀根早生」46・0％、「平核無」25・9％、「富有」25・5％となり、50年間で渋柿主体に変わったことがよくわかる。これには、１９８５年に実用化した炭酸ガスによるＣＴＳＤ（Constant Temperature Short Duration）脱渋法の確立が大きく影響した。「平核無」に比べて脱渋によって軟化しやすい「刀根早生」の欠点を、この方法が解消したのだ。

和歌山県南部の田辺市《たなべ》には、南方熊楠《みなかたくまぐす》顕彰館がある。この顕彰館の隣には、熊楠が１９１６年から25年間住んだ邸宅と庭が保存されている。

南方熊楠の業績のひとつとして、１９１７年にこの庭の柿の木から新属新種の変形菌を発見したことがあげられる。学名はミナカテラ・ロンギフィラ（*Minakatella longifila*）、和名はミナカタホコリだ。生きた木の樹皮に発生する変わり者の変形菌の発見者・採取者として、属名に南方の名が与えられた。大発見につながった柿の木は、いまも庭に存在する。その木は名もなき渋柿であった。

静岡県民と愛知県民は「次郎」好き

完全甘柿で「富有」に次ぐ存在は、いまだに「次郎《じろう》」だ。「次郎」は1844年（天保15年）に、遠江《とおとうみ》国周智《しゅうち》郡森町村《もりまちむら》五軒丁《ごけんちょう》（現静岡県周智郡森町《もりまち》）の松本治郎が、田んぼで発芽したカキの双葉を見つけ、持ち帰り、庭に植えたのがはじまりである。それが育ちとてもおいしい実がなって近所で評判となり、接ぎ木で広まった品種だ。

原木は1870年（明治3年）の正月に、近隣からの火事で焼けて炭になってしまった。枯れてしまったと思ったところ、翌年芽をふいたのだそう。

「治ン郎柿」「次ン郎」「甚郎柿」などと呼ばれていたが、1902年頃になってもまだ自家消費目的で栽培される程度であった。しかし1916年（大正5年）ともなると、静岡県内に栽培は広がっていた。

恩田鉄弥が「富有」を絶賛したときに、果実品質は「富有」が1番でもその結実数の少なさを危惧する専門家もいた。1909年1月の『果物雑誌』には、「次郎のほうが収穫時期も早いし豊産で隔年結果もない。生産者の立場からみれば次郎のほうがよい品種だ。それなのに次郎はまだあまり知られていない。しっかり検証してほしい」との記事が書かれている。

「次郎」にも早生化した枝変わりが存在する。「前川早生次郎《まえかわわせじろう》」がそれだ。三重県多気《たき》郡佐奈《さな》村《むら》（現多気町《たきちょう》）の前川唯一《まえがわただいち》が発見し、1957年（昭和32年）に「前川次郎」と命名している。

「富有」と「次郎」は長く甘柿を代表する2品種であり続けているが、ライバルではない。品種としての実力で見れば、横綱と関脇《せきわけ》といった感じだ。

硬すぎもせず柔らかすぎもしない、ほどよい硬さでジューシーな「富有」は、さすがに万人受けする。かたや「次郎」は硬い食感が特徴で、水気が少ない。噛《か》んでいるうちに、より甘みを感じてくるカキだ。「次郎」のほうは好き嫌いがはっきり分かれる。

ところがなぜか、静岡県と愛知県では「次郎」推しの人の数が断然多い。

静岡県民にとっては、地元で発見され「富有」よりも先に広まった品種だという理由があるから当然だ。よくわからないのは、近くで「富有」が発見されている愛知県民のほうだ。「次郎」の味は、濃厚な味付けが特徴のなごやめしにどこかで通じているのだろうか。

進む国や県の品種改良

国の興津園芸試験場では、1910年（明治43年）に日本全国の品種を集め、比較栽培試験を行い、その優劣を評価した。1912年（大正元年）の「農事試験場特別報告28号　柿ノ品種ニ関スル調査」の調査報告には、3000点以上を収集したがこれでも網羅できていない、とある。

品種名がついていたものだけでも1030という数だ。違う名前で呼ばれながらも同じものである品種があったにせよ、937は異なると記録されている。同じ興津園芸試験場が1922年に集めた温州みかんが五十数点だったのと比べると、カキの突出具合が目立つ。

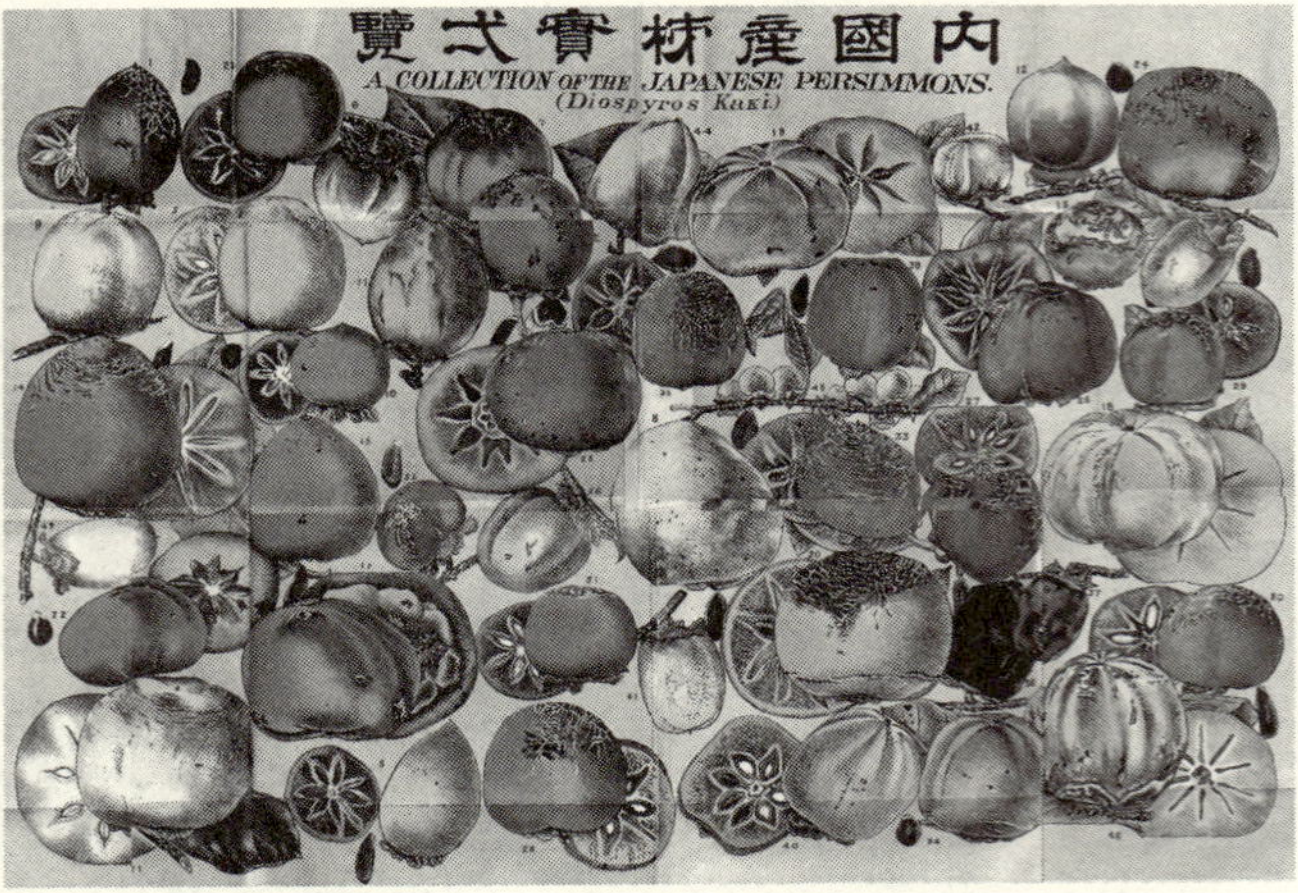

「内国産柿実一覧」（1897年）（公益社団法人大日本農会蔵）

この調査報告では有望品種も選定されており、完全甘柿では「富有」「次郎」「花御所」、不完全甘柿では「禅寺丸」「豊岡《とよか》」「伽羅《きゃら》」、不完全渋柿では「平核無」「堂上蜂屋」「会津身不知」、完全渋柿では「西条」「祇園坊《ぎおんぼう》」「四ツ溝《よつみぞ》」などが選ばれている。

それから66年後に「昭和53年度種苗特性分類調査報告書（カキ）」がまとめられた。このときには、全国に存在する品種数は３２６にまで減っていた。

他の果物とは異なり、カキでは新品種が次から次へとは登場してこない。日本全国の土地で生まれたこれほど多くの品種のなかから、すでに優秀な品種が絞り込まれてきた歴史的背景が、品種改良の余地を狭めている。

静岡県興津の農商務省農事試験場園芸部では、１９３８年（昭和13年）からカキの品種改良が始められた。1959年に育成された「駿河《するが》」が、国の最初の品種である。1970年には「富有」より早く収穫できる「伊豆」が育成され、当時の主力品種のひとつになった。

広島県に園芸試験場安芸津《あきつ》支場（現農研機構果樹研究所ブドウ・カキ研究拠点）が開設されたのは、1968年。1976年からは、安芸津支場での交配が行われている。1977年に交配した、母親を「富有」とした組み合わせから、1995年（平成7年）に「太秋《たいしゅう》」が育成された。収穫時期は「富有」よりも早い。

「太秋」は、ナシを思わせるサクサクとした食感が特徴の品種だ。カキにも新時代が到来したとこれまでの印象を変えてくれるだけの新しさがある。新たなカキ好きを増やすだけの魅力は十分だ。食べた途端にファンになる人も多い。

ところが「太秋」には2つの欠点がある。雄花がつきやすいために雌花の数が少なくなり、収量を確保しにくいのだ。生産するにはリスクが大きい品種なのである。もうひとつは、果皮に同心円状の黒い筋が入ってしまうこと。実際にはこの条紋はおいしい果実の目印でもあるのだが、汚れて見えると低く評価されてしまっているのが残念でならない。

県が育成した品種としては、2015年初出荷福岡県の「秋王《あきおう》」（福岡K1号）」、2016年初出荷岐阜県の「ねおスイート」」、2020年初出荷和歌山県の「紀州てまり」がある。3品種ともに片親は「太秋」となっている。

国民的おやつ「柿の種」はなぜあの形？

おつまみに最高のあられといえば、柿の種で決まりだろう。

柿の種が発売されたのは1924年（大正13年）。今井与三郎《いまいよさぶろう》が新潟県長岡《ながおか》市で創業した浪花屋《なにわや》（現浪花屋製菓）からだ。そして柿の種は狙ってあの形にしたのではなく、偶然の失敗から生まれたのである。

前年のことだ。あられをつくる小判型の金型を、与三郎の妻がうっかり踏みつぶしてしまった。そのゆがんだ金型でつくってできた妙なあられが、発明につながった。

ところであの形をはじめて見たときに、どんな感想を抱いただろうか。まさにその名のとおりと思う人と、どうしてと思う人がいる。私は後者だ。「富有」や「次郎」が身近な人も同じだろう。

カキの果実は、品種の違いによってさまざまな形をしているが、種子にも想像以上のバリエーションがある。

柿の種のモデルは、新潟県の在来種「大河津《おおこうづ》」だと伝えられている。「大河津」は甘柿であり、浪花屋のある長岡ではよく知られた品種であった。

墨汁をつけた大筆の先のような形だからこの名前になった100g程度の「筆柿」や、「法蓮坊」なども、柿の種つまり「大河津」そっくりの種子が入る。

第3章　ブドウ——謎の品種が日本で興した2つの産業

世界的に見れば、ブドウはもっとも生産量の多い果物である。国別生産量第1位は中国で、イタリア、スペイン、アメリカ、フランスと続く。

またブドウは、人類史上おそらくもっとも古くから栽培されている果物でもある。遅くとも紀元前2000年には、野生種のなかから栽培品種が現れていた。

マスカットと略して呼ばれる「マスカット・オブ・アレキサンドリア」にしても、北アフリカで発見され、紀元前のローマ時代から生産し続けられている品種だ。そしてマスカットはクレオパトラが好んで食べたとも伝えられている。つまりクレオパトラが食べていたであろう同じ品種を、私たちはいまも味わえるというわけなのだ。

日本にもブドウ属の野生種が自生しており、日本固有種のヤマブドウやエビヅルなど7種8変種が知られる。約5000年前から私たち日本人のご先祖様たちは、ブドウを食生活に取り入れていた。事実、縄文遺跡からはヤマブドウの種子が多く発見されている。

ただ不思議なことに日本人がブドウを本格的に栽培するようになったのは、江戸時代に入ってからであった。これ以前のブドウはわざわざ生産する対象ではなく、山菜と同じように野山で採集するものだったのだ。放っておけば数十mも蔓《つる》を伸ばすブドウに、育ててみようにも手の下しようがなかったのだろう。

都道府県別のブドウの収穫量割合は、山梨県が25％、長野県が18％、岡山県9％、山形県が8％、この4県で6割強を占め、次いで北海道5％、福岡県4％となっている（令和5年産作物統計）。またワイナリーの数でも92場の山梨県が1位だ。2位長野県の72場、3位北海道の55場を合わせると、上位3道県で全国の47％を占めている（国税庁令和5年調査）。

1　ブドウの品種の広がり

欧州ブドウと米国ブドウの違い

ブドウの野生種は、主に北半球の広い範囲に分布している。園芸品種としてブドウ産業の発展に寄与してきたのが、欧州ブドウと米国ブドウである。

欧州ブドウの学名は、ヴィティス・ヴィニフェラという。原産地は南カフカス（コーカサス）で、リンゴの原産地とも重なる。紀元前6000年頃には栽培が始まっていた。

フランスに入ったのは紀元前600年頃。そして西暦400年頃には、ボルドー、シャンパーニュ、ボージョレーといった名高い産地が、ワイン産地として有名になっていた。

欧州ブドウの代表品種は、「マスカット・オブ・アレキサンドリア」「ロザキ」、ワインでおなじみの「シャルドネ」「カベルネ・ソーヴィニヨン」「メルロー」などである。

米国ブドウは、北米東部に自生しているヴィティス・ラブルスカから改良されてきた。代表品種は、「コンコード」「カトーバ」などだ。

両者の違いをざっくり示すと、欧州ブドウは雨や病虫害に弱いものの、果皮が薄く果実の香りと歯ごたえがよい。一方の米国ブドウは、丈夫だが、果皮が厚く果肉の食感はあまりよくないうえに、**foxy flavor** という欧州人が好まない臭いがする。ところが、日本人はこの臭いを好ましい香りと感じてしまうのだからおもしろい。

欧州ブドウと米国ブドウの交雑により育成された、両者の長所をあわせ持つ欧米雑種も多い。米国ブドウの性質が強い「デラウェア」「キャンベルアーリー」「ナイアガラ」「スチューベン」など。中間的な品種に、日本で育成された「巨峰」「シャインマスカット」「マスカット・ベーリーA」「オーロラブラック」などがある。

日本のブドウ産業は、江戸時代の「甲州《こうしゅう》」栽培を起点とし、明治政府が主導したワイン産業育成、そこから派生した生食用ブドウ生産の発展という大きな2つの流れがある。

日本では生食用品種とワイン用品種の生産量を比べると、生食用品種のほうが多い。だが世界的に見れば逆であり、ワイン用品種の生産量のほうがはるかに多いのが当たり前だ。この点においても日本の独自性と特異性が表れている。

生食用の品種改良には、「マスカット・オブ・アレキサンドリア」の果たした役割が大きい。おいしい品種はほとんどが、「マスカット・オブ・アレキサンドリア」の血を引いているのだ。

古代日本人にワインが根づかなかった理由

縄文時代の土器からは、ヤマブドウの種子がまとまって発見されている。これをもって、古代日本人がワインを造っていた証拠だとされることがある。

この可能性については、どのように考えたらよいのだろうか。

奈良時代にすでに造られていた日本酒とは異なり、ブドウジュースへの加工の過程で発明されたワイン醸造技術が日本で発明されることはなく、また大陸から伝わることもなかったと考えるほうが自然であろう。日本人にとってブドウは、明治時代に至るまで生食するだけのものであった。それよりも何よりも、極端な乾燥地帯での貴重な水分補給源として栽培化された欧州ブドウに対し、水資源の豊富な日本でのヤマブドウのありがたみが同等であったはずはない。

現代日本ワインの父と称される麻井宇介《あさいうすけ》は『日本のワイン・誕生と揺籃《ようらん》時代――本邦葡萄酒《ぶどうしゅ》産業史論攷《ろんこう》』で次のように述べている。古代日本人がワインを造ったという説を一蹴しているため、少々長いが紹介させていただきたい。

農耕文化以前の人類が、採集した食料を住居の一隅に穴を掘って貯蔵したり、土器に収納したことはよく知られている。それがブドウの果実であった場合、しばらく放置すれば果皮の破れた果実から果汁がしたたり、容器の底にたまり、やがて醱酵が始まる……。いかにもワインの誕生にふさわしい挿話ではある。だが、こんなことでワインが生まれるとしたら、それは僥倖《ぎょうこう》であって、ほとんどの結果は無残な腐敗でしかない。

ブドウの房が土器に詰め込まれた状態を想像してみよう。ブドウは幾分か押しつけられ、その重みで果皮の破れるものがあるかもしれない。しかし、果実と果実の間は果汁で満たされたわけではなく、大部分は空隙である。この過度に酸化的な環境で、野生の酵母が他の微生物との拮抗《きっこう》から、傷み始めている果物の堆積を都合よくアルコール醱酵へ導く可能性は、全くないといってよい。

ブドウを腐敗からまもり、ワインへの変身を遂げさせるためには、なにか人間の手が加えられなければならない。ワインづくりの最も素朴な、しかし絶対に必要な技術がここにある。それは、明らかに意図をもって、積極的にブドウを潰してやることなのである。ワイン成立の決め手であるこの「果実を潰すこと」を、文明開化以前の日本人は知らなかった。あるいは、果物をそのようにして食べる習慣がなかった、といいかえてもよい。

日本では、ワインよりも複雑な日本酒の醸造方法が、どぶろくという形で民間に伝わった。

それなのにワインは、その存在についてすら一切伝承されていない。一度造られたワインが、歴史から完全に消し去られることなど起きうるだろうか。私は麻井の説に納得している。

謎に包まれた甲州ブドウの生い立ち

日本に自生する野生種ではないのにもかかわらず、約１０００年前からその存在が確認されていた品種がある。その名は「甲州」という。かつてはよく見かけた品種だ。が、最近ではすっかり人気が落ち、スーパーの店頭に並ぶことはあまりない。

ただ、国産ブドウの歴史を捉えるためには、この「甲州」について理解するのが近道となる。そもそも「甲州」は、日本産の野生ブドウとはその形態的な特徴が異なり、欧州ブドウに似ていることから欧州ブドウであろうとされてきた。また、世界中を探しても同じ品種が現存しないため、日本でのみ生きながらえた幻の品種だといえる。発祥の地は、「甲州」の名のとおり甲斐国である。

発見された時期については主に2説ある。早いほうは７１８年（養老《ようろう》2年）で、奈良時代の僧行基《ぎょうき》が、勝沼《かつぬま》で修行中に薬師如来から手渡されたブドウのタネを播いて育ったという伝説だ。新しいほうは１１８６年（文治2年）、八代《やつしろ》郡祝村《いわいむら》（現甲州《こうしゅう》市勝沼町上岩崎《かつぬまちょうかみいわさき》）に住む雨宮《あめみや》勘解由《かげゆ》が変わったブドウを、近くの入会山《いりあいやま》の城《じょう》の平《ひら》（現茶臼山《ちゃうすやま》山頂付近）で見つけて自宅に持ち帰り、栽培に成功したという言い伝えだ。入会山とは、権利をもった人が共同で利用できる山という意味である。雨宮家では4年後に三十余房がはじめて実り、1197年（建久《けんきゅう》8年）までに13株に増やしている。

行基は中国に渡ってはいないことと、「甲州」が世に知られるまでに時間がかかりすぎていることから、可能性としては後者のほうが高そうだ。「甲州」の起源は、仏教関係者の手によって中国から持ち込まれた種子なのかもしれない。

「甲州」の発見者である雨宮勘解由は、1197年に善光寺《ぜんこうじ》参詣から鎌倉に戻る途中の源頼朝に「甲州」ブドウを3籠献上したとも伝えられている。雨宮勘解由の子孫である雨宮織部正《おりべのしょう》良晴《よしはる》も、天文《てんもん》年間に武田信玄に「甲州」を献上している。

ところが「甲州」はそのうまさにもかかわらず、なかなか広まらずにいた。1601年（慶長6年）になっても、まだ164株程度しか存在しなかったという記録が残されている。これはブドウの栽培方法がわからず、収量が少なかったためであろう。

そんな「甲州」も、江戸時代に入ってからは栽培面積を広げていく。栽培面積が増えるきっかけとなったのは、いまでいうブドウ棚、棚掛け栽培法が発明されたからだ。

信玄にも仕えた医仙永田徳本の大発明

永田徳本《ながたとくほん》は、戦国時代から江戸時代初期にかけて活躍した医者である。牛にまたがり、「一服十八文」と書いた薬袋を首から下げて回り、貧しい人々には無償で治療したという。

福羽逸人（新宿御苑管理事務所蔵）

徳本は陸奥《むつ》で僧侶となり、修験道と李朱医学《りしゅいがく》を修め、中国の医学経典『傷寒論《しょうかんろん》』にも学んだ。諸国遊歴後には、武田信虎《のぶとら》、信玄父子の侍医となっている。信玄は、戦に徳本の医方を取り入れていたようだ。

信虎が信玄に追放された後は、徳本は信濃国諏訪《すわ》郡東堀村《ひがしぼりむら》（現岡谷《おかや》市長地《おさち》東堀《ひがしぼり》）で御子柴《みこしば》家に仕え、その娘と結婚した。長野県岡谷市の尼堂《あまんどう》墓地には徳本の藍塔墓《らんとうぼ》が残る。

ブドウとの接点は、武田家が滅んだ後の天正末期に、徳本が甲斐国に戻った際に生まれた。１６１５年（元和元年）、「甲州」の栽培に苦労していた雨宮氏に、徳本はこのブドウで産業化せよと説いたのである。それだけでなく、中国のブドウ作りを参考にして、竹で作った１坪ほどの広さのブドウ棚に蔓を伸ばす棚掛け法を指導したのだ。

こうして祝村では「甲州」を生産できるようになり、農民の暮らしも楽になった。１６３０年（寛永7年）に徳本が亡くなった際には、農民たちが雨宮家領内に顕彰碑を建てている。

１７１６年（正徳《しょうとく》6年）にはブドウ棚は、祝村では約15・３ha、勝沼村では約5・４haにまで広がっていたという。本数に換算すると約３０００株に相当する。

これらの話を雨宮家から聞き取ったのは内務省勧農局の福羽逸人《ふくばはやと》であった。福羽が１８７８

年（明治11年）に出張報告書としてまとめたことによって、言い伝えがはじめて世に知られた。

さて、永田徳本はある製薬会社の商品と社名にその名を残している。肩こり用のトクホンチールと株式会社トクホンがそうだ。

宿場町を発展させた運搬ルート

1618年（元和4年）、日本橋《にほんばし》を起点として下諏訪《しもすわ》に至る甲州街道に、勝沼宿が開かれた。ブドウ棚での栽培が始まってから3年後である。勝沼宿は甲府盆地の東の玄関口として、街道最大規模の宿場町のひとつにまで発展した。

1704年（宝永《ほうえい》元年）に柳沢吉保《やなぎさわよしやす》が甲府城主となった際には、「甲州」は吉保からの献上物となり、江戸での知名度が高まった。1706年の荻生徂徠《おぎゅうそらい》の『峡中紀行《きょうちゅうきこう》』には、「勝沼の宿は人家多く繁昌《はんじょう》なるところ甲州街道で第一番地、甲州葡萄は此国の名物なり」と記されている。

俳人松木蓮之《まつきれんし》は、1734年（享保19年）に次の句を残した。

　　勝沼や馬士もぶどうをくひながら

江戸時代の三大農学者のひとり大蔵永常《おおくらながつね》は、1859年（安政《あんせい》6年）に刊行した『広益国産《こうえきこくさん》考《こう》』の「葡萄を作る事」の章でこう記している。

「近年ます〳〵甲州に多く作りて江戸へ出す事 夥《おびただ》しく、其時分に四谷《よつや》を馬の附通る事引きもちぎらず、幾千両の代料ならんと、見る人目を驚かさざるはなし」

明治20年代まで、「甲州」は勝沼から新宿《しんじゅく》や四谷まで馬で運ぶのが当たり前であった。特産品となった「甲州」は、勝沼の発展に大きく貢献してきたといえる。

また、1697年（元禄10年）に人見必大《ひとみひつだい》がまとめた百科事典『本朝食鑑《ほんちょうしょっかん》』には、「甲州」が静岡や京都大坂などでも栽培されていたと記されている。

1879年（明治12年）には、雨宮家の子孫である大一葡萄園《だいいちぶどうえん》当主の作左衛門《さくざえもん》が、ブドウ棚を竹から鉄棒に変える実験をしている。竹は劣化が早かったためだ。鉄棒の値段が高すぎてすぐには普及しなかったが、これが今日に至るブドウ棚のもととなった。

勝沼の竹で作られたブドウ棚（西田繁造編『日本名勝旧蹟産業写真集 奥羽・中部地方之部 新訂』富田屋書店、1918年、国立国会図書館蔵）

鉄棒ではなく、現在のような針金を用いたブドウ棚が考案されたのは、10年後の1889年。

勝沼郵便局長の若尾《わかお》勘五郎と電信工夫の小松によってであった。

ここで、正岡子規が口述筆記させた「九月十四日の朝」の一節を紹介したい。

「雨戸を明ける。蚊帳をはづす。此際余は口の内に一種の不愉快を感ずると共に、喉が渇いて全く湿ひの無い事を感じたから、用意の為に枕許《まくらもと》の盆に載せてあった甲州葡萄を十粒程食った。何ともいへぬ旨さであった。金茎の露一杯といふ心持がした。斯くてやう〳〵に眠りがはっきりと覚めたので、十分に体の不安と苦痛とを感じて来た。」

子規はこの5日後、1902年9月19日に、約2万5000の俳句を残し、34年間の生涯を閉じた。

明治時代に入り、「甲州」の栽培は広がり続けた。そして勝沼周辺の水田は、ブドウ畑と桑畑に変わっていくのである。

この状況をさらに大きく変えたのが、1903年（明治36年）6月の中央《ちゅうおう》本線の甲府までの開通である。これにより、馬ではなく、塩山《えんざん》駅から新宿駅まで汽車でブドウを輸送できるようになった。

勝沼町と菱山村《ひしやまむら》（どちらも現甲州市）の新駅設置運動が実り、1913年（大正2年）には勝沼駅（現勝沼ぶどう郷《きょう》駅）が開業する。翌年、鉄道開通により生産量が増えたブドウを勝沼駅へと運ぶために、勝沼を東西に流れる日川《ひかわ》の橋が架け替えられた。これが2代目祝《いわい》つり橋である。

大正年間には「甲州」の生産量が急増し、桑畑までがブドウ畑に変わりはじめた。

現在ある祝橋は、1931年（昭和6年）に造られたコンクリートアーチ橋の3代目だ。御《お》茶《ちゃ》ノ水《みず》の聖橋《ひじりばし》に似ている。祝つり橋も祝橋もどちらも、人とブドウの流れを変え、物流の動脈として勝沼の発展を支えてきた。

3代目祝橋は、1985年に新祝橋ができたため、いまは歩道としてのみ使われている。

ブドウ狩りは勝沼から始まった

観光ブドウ園のはじまりは、1894年（明治27年）の祝村下岩崎《しもいわさき》（現甲州市勝沼町下岩崎）の宮光園《みやこうえん》にまでさかのぼる。といっても、その形態はいまのブドウ狩りとはかなり異なっていた。時は10月。ブドウ棚に無数に垂れ下がり、藤紫色に色づきたわわに実った「甲州」を、観《み》て楽しむスタイルだったのだ。

あしかがフラワーパークの大藤は、花の時期に50万人もの入園者を集める。この事実から考えるに、宮光園は日本人に新たなお花見スポットをブドウで提供したといってよいだろう。

宮崎光太郎《みやざきこうたろう》は1904年に宮崎第二醸造場を建設する。ここを用いて、ブドウを見てブドウを食べ、ワイン工場を見学してワインを飲み、ブドウ園でくつろいで土産にブドウを買うというビジネスモデルを発明したのである。それだけではない。甲府周辺の観光地としての価値を高めることにまで成功したのだ。

現在の宮光園は、宮崎の自宅と白蔵《しろぐら》と呼ばれた醸造所跡が近代化産業遺産「甲州市のワイン醸造関連遺産」に指定され、一般公開されている。宮崎第二醸造場を改装した、隣のシャトー・メルシャンワイン資料館と合わせて、日本ワインの誕生と変遷そして観光ブドウ園の歴史について体感できる。

宮光園に続き１９２５年（大正14年）には古寿園《こじゅえん》が開園、このスタイルの観光ブドウ園が増えていく。１９４９年（昭和24年）頃からは、「甲州」ではなく、より早生の「デラウェア」が増やされるようになった。

１９５８年、国道20号の新笹子《しんささご》トンネルが開通する。当時は道路トンネルとして日本で２番目の長さを誇ったトンネルで笹子峠《ささごとうげ》を抜けられるようになると、ブドウ目当ての観光客が一気に増えた。

これらの観光客からの観光収入増を目的として、１９６１年から町は新たなスタイルの観光ブドウ園を推し進める。ブドウ棚の下を観光客に開放し、弁当や飲み物を持ち込みゆっくりくつろいでもらいながら、とりたてのブドウを食べられるようにしたのだ。

これが今日のブドウ狩りを目的とした観光ブドウ園に続いている。

ブドウ狩りだからこその楽しみ

果物狩りのなかで、私はブドウ狩りが一番楽しいと思う。理由は、ブドウは一度に多くの品種を食べ比べることができるから。シーズン中ならいつでも10品種程度は試食可能だ。一般流通しなくなってしまった昔の品種や、訳ありの激レア品種との出会いも待っている。

自分好みの味の品種を見つけたところで、その木の場所に案内してもらって自ら選んで収穫したり、農園の人においしそうな房を見つけてもらったりする。こうすれば自分の好みに合わないハズレを引く危険性は限りなくゼロに近くなるのがうれしい。

同じ家族でも、ブドウの味の好みがバラバラなことはよくあるそうだ。ということは、家でブドウを食べるとき、それまでは誰かが味について妥協していたということになる。家族それぞれが見つけた推し品種を1房ずつ買い、家に戻ってみんなで食べ比べする時間もたまらない。

勝沼の観光ブドウ園では、入り口のブドウ棚には必ずといってよいほど「甲州」を植えている。勝沼で発見された品種であり、大きな利益をもたらしてくれた品種であり、収穫時期が遅いために最後の最後まで店飾りにもなるからである。

勝沼の生産者に一番おいしい品種は何かと尋ねると、しばしの沈黙の後で、ほぼ「甲州」という答えが返ってくる。理由は「一番食べ飽きない品種だから」。山梨の人は、種のまわりの酸味を感じないように「甲州」の種を気にせず飲み込んでしまう。この辺も「甲州」には有利に働いている。

あらためて勝沼は異次元空間だと思う。水田が存在せず、平地と斜面を含めて、耕作地のほとんどがブドウ棚で覆われている様は、日本にひとつだけの光景に違いない。甲府に向かい中央本線の笹子トンネルを抜けると目に飛び込む、左手に広がる独特の風景は、6〜7月が特に印象的だ。周囲360度をぐるっとブドウ畑に囲まれた小高い丘の上にある「勝沼ぶどうの丘」は、甲州市が運営する観光施設で、宿泊もできる。地下のワインカーヴでは、約200銘柄の山梨県産ワインの試飲も可能だ。

DNAレベルで解明された本当のルーツ

2013年（平成25年）、酒類総合研究所の後藤奈美《ごとうなみ》が「甲州」のルーツについて発表した。「甲州」の核DNAを解析することで、ヴィティス・ヴィニフェラの割合が71・5％だとわかり、「甲州」は欧州ブドウの血が濃い品種であると科学的にも証明されたのだ。

南カフカス地方原産のヴィティス・ヴィニフェラがシルクロードを伝って、中国の野生種ヴィティス・ダヴィディと交雑し、その種子が日本にたどり着いた可能性が高い。もっと単純化すると、ヴィティス・ダヴィディにヴィティス・ヴィニフェラの花粉がついてできた雑種に、さらにもう一度ヴィティス・ヴィニフェラの花粉がかかって生まれた品種なのかもしれない。

つまり欧州ブドウの血が4分の3、中国ブドウの血が4分の1入った個体が、日本だけで生き残り、品種となった可能性が考えられるのである。

もちろん、直線でも7000㎞を超える距離を越えて日本に至るまでには、長い年月をかけもっと複雑な交配経過を経てきた可能性も十分に考えられる。

2　日本ワインのあけぼの

初の国産ワインが流通するまでの軌跡

「甲州」は生食用にもワイン用にも向く。日本で収穫する白ワイン用原料ブドウのトップ3は、「甲州」「ナイアガラ」「デラウェア」の順となっている。

日本独自品種「甲州」で造られた甲州ワインは、和食によく合う辛口の白ワインである。と、いまでこそこのような評価が当たり前になってきたが、これは案外最近の話なのだ。

はたして甲州ワインにも、品種としての「甲州」に負けないだけの物語がある。

「甲州」からはじめてワインが醸造されたのは、1870年（明治3年）か71年であった。山梨県甲府市の山田宥教《やまだゆうきょう》と詫間憲久《たくまのりひさ》の手によってである。このとき、赤ワイン用にはヤマブドウが、白ワイン用に「甲州」が用いられた。山田宥教はこれ以前に、横浜の外国人居留地でワインに接してワイン造りを決意しており、すでにひとりで醸造を試みていた。

当時は、米不足に悩む明治政府が日本酒に代わる酒としてワインに注目した時期である。内務卿《ないむきょう》であった大久保利通《おおくぼとしみち》は、殖産興業政策のひとつにワイン製造を掲げていた。

しかし、山田と詫間のワインは1875年1月に発売に至ったものの、1877年に開設された県立葡萄酒醸造所に吸収されてしまう。この葡萄酒醸造所は、前年6月に甲府城跡地に設立された山梨県勧業試験場の付属施設であった。葡萄酒醸造所は天守台南側の鍛冶曲輪《かじくるわ》跡に設置され、醸造に使われた鍛冶曲輪の井戸はいまも舞鶴城《まいづるじょう》公園内に遺《のこ》されている。

こうした最中の１８７７年（明治10年）８月、日本初の民間ワイン会社である大日本《だいにほん》山梨葡萄酒会社（通称：祝村葡萄会社）が設立された。そして、社員で当時19歳の土屋龍憲《つちやたつのり》と25歳の高野正誠《たかのまさなり》の２人が、10月にフランスに派遣されたのである。この２人こそ、本場フランスでワイン醸造を学んだ最初の日本人なのだ。

彼らはシャンパーニュ地方南端のトロワで、１年７ヵ月にわたってブドウ栽培とワイン醸造を学ぶ。彼らをフランスに連れていった前田正名《まえだまさな》は、１８６９年から１８７６年まで明治政府の役人としてフランスで農業政策全般を学んだ人物である。

フランスで醸造技術を学んだ２人の帰国を待ち、１８７９年の秋から醸造を始めた大日本山梨葡萄酒会社もまた、創設９年目で解散の憂き目にあってしまう。不況による消費低迷と微生物汚染による変敗酒問題が重なったためであった。

そこで、会社発起人のひとりである宮崎市左衛門《みやざきいちざえもん》の長男光太郎《こうたろう》が、土屋龍憲らとともに大日本山梨葡萄酒会社の設備を引き継ぎ、甲斐《かい》産《さん》葡萄酒醸造所としてワイン事業を継続する。先ほど紹介した宮光園の宮崎光太郎だ。

１８８８年に宮崎は、東京日本橋に販売会社の甲斐産商店を創業する。１８９２年には第一醸造場をつくり、「大黒天印甲斐産葡萄酒《だいこくてんじるし》」を発売するのである。宮崎は「大黒天印甲斐産葡

甲斐産商店の新聞広告（『読売新聞』1894年8月29日）

葡萄酒」に薬用酒のイメージを持たせてブランド力を高めることに成功。しかし本格ワインは消費者受けがよくなく、1902年に甘味葡萄酒「ヱビ葡萄酒」を発売し、ヒット商品にした。宮崎醸造所は1912年（大正元年）には、国内最大の製造量を誇るまでに成長したのである。

だが1930年（昭和5年）に勃発した昭和恐慌のあおりを受けて、業績が悪化。宮崎醸造所と甲斐産商店は、1934年に大黒《だいこく》葡萄酒株式会社へと改組され、後のメルシャンへとつながっていった。

高野は大日本山梨葡萄酒会社解散後に独立し、1890年には『葡萄三説』を上梓《じょうし》している。三説とは、ブドウ園を開設すべき理由、ブドウの栽培方法、ワインの醸造方法であった。

甲斐産商店を退いた土屋は、1891年にマルキ葡萄酒会社（現まるき葡萄酒株式会社）を設立。1902年には、国産初のスパークリングワイン「朝日シャンパン」を発売している。

近年の甲州ワイン品質向上プロジェクト

「甲州」は、ワイン用品種としては四重苦を抱えている。極端にいえば、「味無し」「香り無し」「酸無し」「苦味あり」の4つだ。

生食用の品種でワインが造られることが少ないのは、ワイン造りには重要な酸味が生食では嫌われるため。また生食用では大粒が好まれるのに対し、ワイン用では小粒が求められるなど、それぞれに必要とされる果実の特性がトレードオフの関係にある場合が多い。

大人気の「甲州」も、ワイン用としては安い甘口白ワインの原料という位置づけだった。

こう聞くと、「甲州」でおいしいワインを造ることなど端から諦めたほうがよいようにも思えてしまう。が、日本固有品種「甲州」を使い、世界に通用する日本オリジナルワインを造りたいという山梨県の醸造家たちの思いが、大きな技術革新を生む。

中心的役割を果たしたのは、大日本山梨葡萄酒会社を源流とするメルシャンであった。

メルシャンは山梨大学とともに、1975年（昭和50年）から甲州ワインの品質向上に取り組み、フレッシュな果実味を生かした甘口ワイン「勝沼ブラン・ド・ブラン」を造ることに成功する。しかしこの時点では、いまのような辛口の甲州ワインはまだ誰一人として造ることができなかった。

四重苦の「甲州」で辛口の優れたワインを造るのには、甘口の優れたワインを造る10倍の困難を伴ったと関係者は語る。なぜなら個性のない「甲州」だけを使って仕込む限り、おいしい白ワインなど実現不可能だというのが、ワイン醸造家の常識だったからだ。

この常識を覆すべく、さらなる技術革新の先陣を切ったのはまたしてもメルシャンであった。1975年といえば、日本で辛口ワイン（果実酒）の消費量が甘口ワイン（甘味果実酒）を抜いた年である。この社会変化もメルシャンの醸造家の背中を押したはずだ。

甲州ワインをおいしくしたシュール・リー製法

フランス・ロワール地方の大西洋側には、「ムロン」というマスクメロンに通じる香りがする珍しい品種がある。日本では「ミュスカデ」と呼ばれることも多い。

有名な「シャルドネ」や「ソーヴィニヨン・ブラン」とは異なり、「ムロン」はシュール・リーと呼ばれる独特な製法で、酸味の利いた辛口ワインに仕上げられるのだ。シュール・リーとは、フランス語で、「滓《おり》の上」という意味である。

滓とは、発酵が終わった後でタンクの底に沈んでいる沈殿物をいう。ほとんどが酵母の死骸である滓は、発酵が終わった後にできるだけ早く取り除くのが鉄則。遅れると、滓からワインをまずくする雑味が出てきてしまうからだ。

だが、あえてこの滓を残しながら熟成させるのがシュール・リー製法で、これによって「甲州」を使いながらも優れた辛口ワインを造ることが可能となった。メルシャンはこのシュール・リー製法により、1983年（昭和58年）に辛口の甲州ワインをはじめて商品化したのである。

メルシャンがこの製法を企業秘密として社内に閉ざすのではなく、外部に広く開示したことにより、こうした甲州ワインを生産するワイナリーが次々と生まれていった。

「甲州」が秘めていた香り

シュール・リー製法を取り入れれば簡単においしい辛口甲州ワインが造れるように感じられるかもしれないが、実際にはそうではない。ワインと滓を一緒に寝かしておけば品質が向上するといった単純な話ではないのだ。

品質のよい滓を得るためには、適切な果汁処理、酵母の選択や発酵コントロールが必要である。さらに、滓との接触期間中にワインに異臭を与える硫化水素の発生を防がなければならない。くわえて酸素を供給する攪拌《かくはん》作業にもコツがある。

メルシャンによる辛口甲州ワインの改良は続き、2004年（平成16年）にはこれまでにない柑橘系の香りを出すことに成功する。そして分析を依頼されたボルドー第2大学醸造学部の富永敬俊《とみながたかとし》博士が、「ソーヴィニヨン・ブラン」に特徴的なグレープフルーツの香りの成分を「甲州」から発見したのだ。

この香りを生かした「甲州きいろ香《か》」は2004年に誕生し、翌年発売された。

和食に合うハッサクやザボンの香りがする、日本オリジナルの辛口甲州ワインはこうしておいしくなったのである。

高い輸出の壁を突破した「甲州」

辛口の優れた甲州ワインを造れるようになったことで、ワイン後進国であった日本の品種も国際的に認められるようになった。具体的には、2010年（平成22年）に「甲州」がOIV（Organisation Internationale de la Vigne et du Vin、国際ブドウ・ワイン機構）に登録されてからである。

EUに輸出するワインに関しては、パリに本部を置く国際ブドウ・ワイン機構に登録された品種以外は、ラベル（エチケット）に品種名を表示できないという決まりがある。赤ワインなら「メルロー」「カベルネ・ソーヴィニヨン」、白ワインなら「シャルドネ」「ソーヴィニヨン・ブラン」といったおなじみの品種は記載されるが、「甲州」は登録されていなかったため、これまでは輸出用のラベルに「甲州」という名前を入れることができなかった。

OIVに登録されるということは、ワインに適した独自の品種であることが認められ、ラベルに品種名を表示できるようになるということなのだ。つまり日本固有品種で造ったワインを海外で売るには、OIVでの品種登録が欠かせない。

「和食」がユネスコの無形文化遺産に登録された2013年には、赤ワイン用の「マスカット・ベーリーA」が、2020年（令和2年）には同じく赤ワイン用の「山幸《やまさち》」がOIVに登録され、日本オリジナル品種を名乗った日本ワインを紅白揃ってEUで販売できるようになっている。北海道池田町《いけだちょう》が育成した「山幸」の父親は、ヤマブドウである。

明治政府の取り組み

ここで明治政府のブドウに対する取り組みをまとめておこう。

まずは1870年（明治3年）に、アメリカから導入した米国ブドウを東京青山《あおやま》の開拓使第一官園に植えている。

1872年に設置した内藤新宿《ないとうしんじゅく》試験場には、フランスから導入した欧州ブドウ90品種を植えた。このなかには「マスカット・オブ・アレキサンドリア」が含まれていた。

1877年になると、三田育種場に、欧米から導入した98品種と中国からの2品種が植えられた。

北海道では、1875年に開拓使が葡萄園を開設し、翌年には葡萄酒醸造所を設置した。札幌官園には、1879年までに4万株が植えられている。

1880年には、国営の播州《ばんしゅう》葡萄園が兵庫県に開設され、40品種が定植された。その圃場には、1884年までに11万株が植えられていた。

あの鹿鳴館《ろくめいかん》が落成したのは1883年。外務卿井上馨《いのうえかおる》の欧化主義のもと、鹿鳴館外交が始まる。毎晩のように繰り広げられた国賓、外交官、貿易商への接待に社交。欧州ワインに劣らぬ品質の日本産ワインを宴席に並べたい、という空気も政府のどこかに漂っていたのであろう。

薩摩藩邸跡地に三田育種場を創設した前田正名

勧農政策の前線基地として、欧米列強国から導入した新作物・新品種を試作評価、展示普及する農場として開設されたのが、三田育種場である。この一大国家プロジェクトを起案、主導し、初代場長になったのが前田正名だ。

前田は1850年(嘉永3年)に、薩摩藩の漢方医前田善安《よしやす》の第7子、末子として生まれた。14歳で藩の洋学校「開成所《かいせいじょ》」に入所し、海外渡航を志す。が、選に漏れてしまう。1865年(慶応元年)に密航してイギリスに留学した15名の薩摩藩英国留学生に、前田は加われなかった。

そこで前田は渡航費を捻出しようと、『和訳英辞書(薩摩辞書)』の編纂チームに加わる。できた『和訳英辞書』を清《しん》で売って、資金を作った。

1869年(明治2年)、前田は20歳でついにフランス留学を実現する。明治政府の外国御用係の肩書を持ち、フランス公使館でも働いた。パリ留学7年目、1876年には種苗商ヴィルモランと苗木商シャルル・バルテの協力で、1万株を超える作物の苗や農業資材を自ら収集し、帰国している。これらの苗は内藤新宿試験場に仮植された。

前田が初代場長となった三田育種場は、三田四国町《みたしこくまち》(現港区芝《みなとくしば》)の旧薩摩藩邸跡地につくら

三田育種場（「明治前期産業発達史資料」別冊110-Ⅱ『舶来果樹要覧』）

れた。開場したのは、１８７７年9月30日。西郷隆盛《さいごうたかもり》の自刃から6日後である。

前田は『三田育種場着手方法』の諸言で、次のような内容を述べている。

「農産をはげまし農業を導くのが育種場の目的である。そして農業に志ある者を勧奨誘導するためのものである」

この10日後には、パリ万博出展のためにフランスに向かっている。先ほど述べた大日本山梨葡萄酒会社の土屋と高野の2人を伴って。

その後前田は、三田育種場の支場として、１８７９年に神戸阿利襪園《オリーブえん》（神戸市中央区山本通《やまもとどおり》）を、１８８０年には播州葡萄園（兵庫県加古《かこ》郡印南新村《いんなみしんむら》）を開設している。

幻の国営ワイナリー播州葡萄園

兵庫県加古郡印南新村（現稲美《いなみ》町《ちょう》印南《いんなみ》）には、かつて国営の巨大ワイナリーが存在した。明治政府が１８８０年（明治13年）に開設した播州葡萄園である。

播州葡萄園の広さは約30ha。三田育種場から届いた2万8556本の苗が植えられた。1883年からは内務省勧農局直属の施設となり、ワイン醸造も開始されている。福羽逸人が園長心得を務めた。1884年には66品種、11万1000本、収量3770kg。6石（約1080リットル）のワインが製造された。この年に、福羽逸人は4・5坪のガラス温室を建て、6品種を植えた。これは日本初のブドウの温室栽培である。

順調に立ち上がったかに見えた播州葡萄園であったが、1885年8月18日の大暴風雨により大きな被害を受けてしまう。この年には、一時欧州のブドウ園を壊滅状態に追い込んだ、フィロキセラ（ブドウネアブラムシ）が日本でも発見された。それもブドウ苗木の供給元である三田育種場でである。播州葡萄園はじめ、フィロキセラが発見された各地のブドウ園では、感染した株が次々と抜かれて焼却された。

米国ブドウに欧州ブドウや「甲州」を接ぎ木すれば、フィロキセラの被害を抑えられることはわかっていたが、その対応をすぐに取れる状態ではなかった。政府は播州葡萄園の再建を諦めて、前田正名に払い下げる。国主導によるワイン製造は、ここで潰《つい》えてしまったのである。

事業を承継した前田も再建に失敗し、1896年には正式に廃園となった。

播州葡萄園の跡地に行ったことがある。山陽《さんよう》本線土山《つちやま》駅で降り、駅から葡萄園池《ぶどうえんいけ》をタクシーで目指した。驚いたのは、稲美町で生まれ育ったという年配の運転手が、葡萄園池の位置はおろか名前すら聞いたことがなかったこと。それだけではない。地元に播州葡萄園が存在したことすら初耳だったことだ。彼は、1996年（平成8年）の発掘調査で、レンガで造られた醸造場の遺構やワインボトルなどの遺物が発見されたニュースも知らなかった。

葡萄園開設時に安く土地を接収された地元の人々にとっては、地域に何の経済効果ももたらさなかった播州葡萄園は、忘れ去りたい忌まわしき過去だったのかもしれない。

葡萄園池は、葡萄園跡地につくられたため池であり、播州葡萄園時代にはなかったものだ。これとて、最盛期には稲美町に140以上あったため池を区別するために、しかたなく葡萄園の名前を残してしまった話のようにも思えてきた。

稲美中央公園の隣には播州葡萄園歴史の館という資料館があり、発掘調査時の写真や遺物を見ることができる。

3　ブドウ産業のレジェンドたち

マスカット栽培の創始者、山内善男と大森熊太郎

日本では、沖縄県を含めすべての都道府県で、ブドウが生産されている。そしてその大部分は露地栽培だ。ところがなぜか、岡山県だけはガラス温室でのブドウ生産が一般的になった。温室で栽培されるブドウのほとんどが、かつては岡山県産だったのである。

岡山のブドウは山内善男《やまうちよしお》と大森熊太郎《おおもりくまたろう》によって始まり、2人のおかげで発展を遂げた。

復元された原始温室（著者撮影）

山内も大森も御津《みつ》郡野谷《のだに》村《そん》栢谷《かいだに》（現岡山市北《きた》区栢谷）の出身。山内は１８４４年（弘化《こうか》元年）、大森は１８５１年（嘉永４年）生まれ、どちらも備前《びぜん》藩に仕える武士の家柄だった。

１８７５年（明治８年）、２人は官有林の払い下げを受けて果樹栽培を始めた。北海道開拓使から購入した米国ブドウの「カトーバ」「イサベラ」「コンコード」など５００本を植えている。

１８８０年に播州葡萄園が開園してからは、そこに何回か通い、ブドウ栽培について学んだ。その際に、福羽逸人から米国ブドウではなく欧州ブドウの栽培を勧められ、１８８３年に播州葡萄園から欧州ブドウ４品種を導入した。

１８８６年には、山内善男が播州葡萄園のものをまねた温室を、福羽逸人の指導を受けて手作りする。広さは、間口約２・７ｍ、奥行き約５・５ｍ。岡山県内初の温室であった。

このなかで育てたのが「マスカット・オブ・アレキサンドリア」だ。１８８９年には22・9

kgを収穫している。幹の根元は外に植えておきながら、地上部だけを温室内に入れる栽培方法である。山内と大森が、温室栽培ブドウの元祖と呼ばれる所以《ゆえん》だ。

「マスカット・オブ・アレキサンドリア」は病気に弱く、日本で露地栽培するのは不可能である。そのため温室栽培が盛んな岡山県だけでほぼ栽培されている。

岡山市北区栢谷を走る国道53号沿いの広場に、片屋根の背の低い小さなガラス温室がある。原始温室と呼ばれるこの温室は、山内善男が実際に使っていたものを、１９５８年（昭和33年）に場所を移して復元された。訪れる人は少なそうだが、中では「マスカット・オブ・アレキサンドリア」が育てられており、脇には温室葡萄創始者顕彰碑がある。

ナパに逃亡した小沢善平と「デラウェア」

「デラウェア」は１８５０年代初期にアメリカ・ニュージャージー州フレンチタウンで発見された品種だ。１８５５年にオハイオ州デラウェアのエイブラム・トムソンによって紹介され、一躍注目されるようになった。小粒ではあるが、果皮と果肉が離れやすい特徴を持つ。

欧米ではそれほど評価されなかった「デラウェア」は、なぜか日本でのみ大ヒットした品種だ。香り高く甘い味が、よほど日本人好みだったのだろう。太平洋戦争以前から１９９２年（平成4年）まで、長く生産量1位であった。１９７９年（昭和54年）から81年の３年間は、全国での栽培面積が1万haを超えたほどの人気を誇った。

「デラウェア」を日本に広めたのは小沢善平《おざわぜんぺい》である。小沢は、１８４０年（天保11年）に勝沼（現甲州市勝沼町綿塚《わたづか》）で生まれた人物だ。

横浜で甲州産生糸を販売していた小沢は、鎖国中にフランスに渡航し生糸の営業活動を行ったために、指名手配を受ける。そのため家族とともにカリフォルニアに逃亡。１８６８年（明治元年）からナパバレーで働き、ブドウ栽培とワイン醸造を習得した。

１８７２年に、小沢は岩倉具視《いわくらともみ》が率いる岩倉使節団から密航の旧罪を許されたことを教わる。翌年帰国し、横浜税関で通訳の仕事を得るのだ。ここで丸善《まるぜん》の創業者早矢仕有的《はやしゆうてき》に出会う。そして早矢仕の口利きで谷中《やなか》と高輪《たかなわ》に土地を借りることができ、１８７４年34歳で撰種園《せんしゅえん》を興す。上野《うえの》公園北側の谷中清水町《やなかしみずちょう》の撰種園では、特にブドウ苗の生産販売に力を入れた。

「デラウェア」は１８８２年に小沢が紹介し、山梨県山梨郡奥野田村北牛奥《おくのだむらきたうしおく》（現甲州市塩山牛奥《えんざんうしおく》）の雨宮竹輔《たけすけ》が１８８６年に栽培しはじめたことで、人気品種となった。

じつは「デラウェア」は小沢以前にすでに日本に入っていた。ルイス・ベーマーが開拓使第一官園に植えさせた米国ブドウ30品種のうち、27号が「デラウェア」だったのだ。一ヵ月以上早くに収穫できる「デラウェア」の登場で、「甲州」は栽培面積を減らしていく。

日本のワイン王神谷伝兵衛とシャトーカミヤ

茨城県にある常磐《じょうばん》線牛久《うしく》駅東口から住宅街を歩くこと10分足らず、突然目の前に煉瓦《れんが》造り

牛久シャトー（写真提供・牛久市）

の西洋建築が飛び込んでくる。白い時計台のある本館は中世フランス貴族の屋敷のようにも見えるし、本館手前の建物は倉庫といった風情だ。ここここそが、日本初の本格的ワイン醸造場、シャトーカミヤ（現牛久シャトー）なのである。

シャトーカミヤは、神谷伝兵衛《かみやでんべえ》によりフランス・ボルドーの醸造場を模して１９０３年（明治36年）に開設された。シャトーとは、大規模な自社農園を持ち、ブドウの生産からワインの醸造・瓶詰めまでを一貫して行うワイナリーのみに与えられる、ボルドー流の呼び方のこと。日本ではまだ誰も欧州ブドウの生産に成功していないときに、本館正面にCHATEAU D. KAMIYAの文字を刻んだところに、伝兵衛の並々ならぬ意気込みが感じられる。

事務室であった本館の大広間は、当時迎賓館としても用いられ、勝海舟《かつかいしゅう》、板垣退助《いたがきたいすけ》、榎本《えのもと》武揚《たけあき》らも招かれた。本館とこれに続く醱酵室《はっこうしつ》は、神谷伝兵衛記念館として見学者に開放されている。また貯蔵庫は、クラフトビアレストランを経てフレンチレストランに改装されている。

シャトーカミヤの創設者である神谷伝兵衛は、1856年（安政3年）に三河国松木島村《まつきじまむら》（現愛知県西尾市《にしお》一色町《いっしきちょう》）で豪農の6男として生まれた。だが、父の散財で家が没落したこともあり、伝兵衛は横浜に出てフレッレ商会というフランス人経営の酒造メーカーで働くことになる。フレッレ商会は、さまざまな酒をブレンドして独自商品に仕上げて販売するビジネスを行っていた。

ここでのある体験から、伝兵衛は17歳でひとつの志を立てることになる。伝兵衛が原因不明の激しい腹痛に襲われ衰弱の一途を辿《たど》った際に、社長の見舞品の赤ワインによって劇的に回復したのだ。ワインの滋養効果を身をもって知った伝兵衛は、日本人が誰でも飲める手ごろな価格のワインを造ることを決意した。

その後、麻布《あざぶ》の酒造業者天野鉄次郎商店で5年間奉公したうえで、1880年に伝兵衛は24歳で独立し、浅草《あさくさ》に「みかはや銘酒店」という酒の一杯売り屋を開業する。容器単位ではなく、コップ単位でさまざまな酒を売るという新たなビジネスモデルを考案してだ。上々のスタートを切った伝兵衛は、続いて自家製オリジナルブレンド酒を製造・販売するようになった。

翌1881年には、ついに日本人の味覚に合うように加工した甘口ワイン、「蜂印香竄《はちじるしこうざん》葡萄酒（蜂ブドー酒）」を発売。「蜂印香竄葡萄酒」は、輸入した樽詰めワインに蜂蜜、約30種類の漢方薬を加えて造った商品であった。１９００年頃には葡萄酒といえば「蜂ブドー酒」を意味するほどの大ヒット商品となり、海外の植民地にまで輸出された。

17歳で立てた志を、伝兵衛は44歳で叶《かな》えたのである。

正岡子規は１８９８年に次の句を詠んでいる。

葡萄酒の蜂の広告や一頁《ページ》

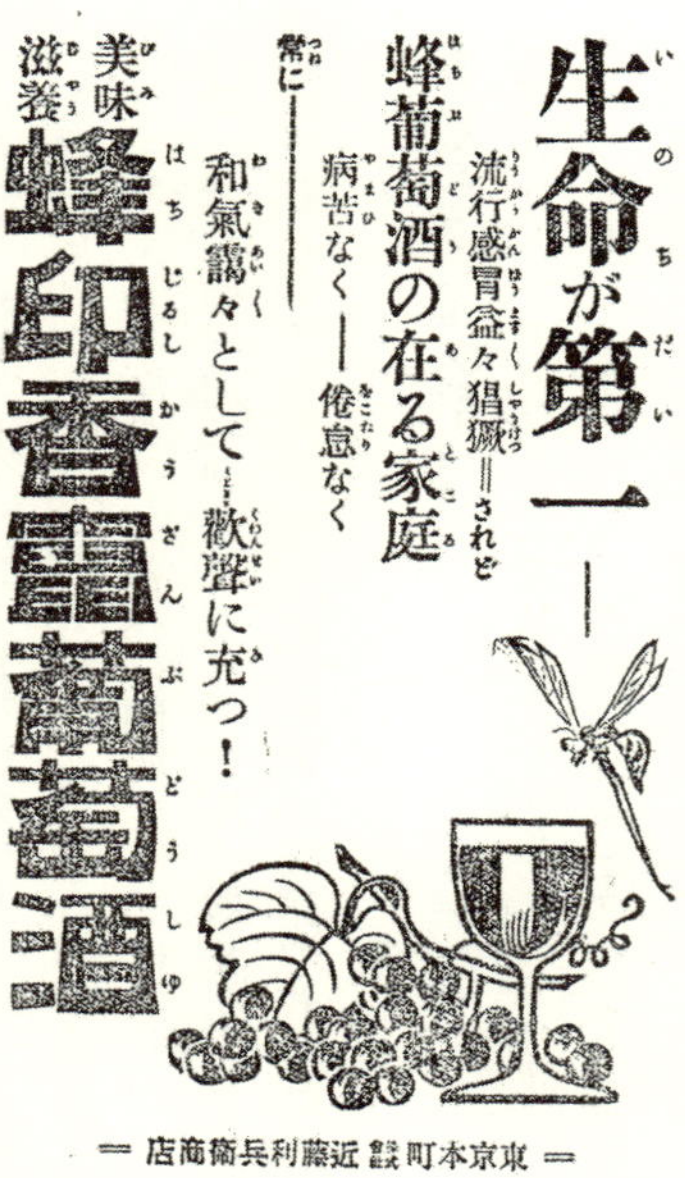

「蜂印香竄葡萄酒」広告（『官報』1920年1月27日。国立国会図書館蔵）

この成功にあきたりず、伝兵衛は純日本産ワインの生産に立ちあがる。すでに北海道や山梨県などで国産ワインの製造が行われていたが、いずれも米国ブドウの「コンコード」「ナイアガラ」や日本原産のヤマブドウ、「甲州」を用いていた。ところが伝兵衛は、高温多湿に弱く日本では栽培困難な欧州ブドウを原料にすべく挑むのだ。

伝兵衛が欧州ブドウにこだわったのにはわけがある。米国ブドウや日本原産のブドウを用いる限り、フランス産ワイン並みの国産ワインは造れないと結論づけていたからだ。

当然、伝兵衛以前に欧州ブドウの栽培に取り組んだ者たちはいた。が、その挑戦がことごとく失敗に終わっていたことから、日本での露地栽培は不可能視されていた。

神谷葡萄園と牛久醸造場

伝兵衛は、１８９４年（明治27年）から１８９７年にかけて婿養子の伝蔵《でんぞう》をボルドーのワイナリーに派遣し、欧州ブドウの栽培技術とワインの醸造技術を習得させる。帰国した伝蔵とともに、栽培適地と判断した茨城県稲敷《いなしき》郡岡田《おかだ》村の原野約１２０haを開墾し、１８９８年に神谷葡萄園を開園する。神谷葡萄園に定植した欧州ブドウ６０００株は、前年に苗木をボルドーから輸入し、東京府豊多摩《とよたま》郡大久保《おおくぼ》村（のちの戸山ヶ原《とやまがはら》陸軍練兵場、現新宿区戸山《とやま》公園付近）に仮植えしていたものであった。「メルロー」は、このときはじめて日本に導入された。

ボルドー液という硫酸銅と石灰乳液を混合して作られた殺菌剤がある。ボルドーの名前から想像がつくように、ボルドー大学のピエール・ミラルデ教授が発明した、べと病などのブドウの病気を抑える農薬である。

このボルドー液を１８９７年に日本ではじめて使い、べと病防除に成功したのも、伝兵衛だ。

１９０３年には牛久醸造場を竣工《しゅんこう》し、神谷葡萄園で採れた欧州ブドウで造った本格ワインを「牛久葡萄酒」のブランドで発売する。また、伝兵衛はすぐさま「牛久葡萄酒」をロンドンとパリのトレードショーに出品。結果はどちらでも金賞獲得という好結果となった。

こうして「牛久葡萄酒」の品質はワインの本場で認められたものの、事業としては成功しなかった。辛口本格ワインの酸味や渋みが、当時の日本人には受け入れられなかったためだ。

神谷葡萄園では、最盛期の１９２０年（大正９年）には、赤ワイン用、白ワイン用あわせて数品種が13万本ほど植えられていたという。

１９２１年に坂本箕山《さかもときざん》が著した『神谷傳兵衛』では、次のように記されている。

「葡萄樹の種類は、ジュランソン、ブラン。フォール、ブランシュ。ソビギヨン、ブラン。ミュスカデール、セミリヨン、ブラン（以上白葡萄樹）ベキギヨール。カベルネー。プチーブシエ。マルベック。マンセン。コルボウ（以上赤葡萄樹）にて、現在数は十三万本ほどある。」

それにしても皆が栽培を諦めた欧州ブドウを、ここまで安定生産させる栽培技術をたかだか数年のボルドー修業で伝蔵が身に着けてきたことに驚かされる。

「蜂印香竄葡萄酒（蜂ブドー酒）」対「赤玉ポートワイン」

一方で、大成功を収めた「蜂印香竄葡萄酒」のほうは競合商品の台頭により、その地位が揺らぎ出していた。「蜂印香竄葡萄酒」に遅れること26年、１９０７年（明治40年）に寿屋《ことぶきや》（現サントリー）創始者の鳥《とり》井《い》信《しん》治《じ》郎《ろう》が発売した「赤玉《あかだま》ポートワイン」がそれである。「赤玉ポートワイン」は、輸入ワインに醸造用アルコール、香料、甘味料を添加して造られており、発酵途中にブランデーを加える本物のポートワインとは製法が異なっていた。だが、日本では甘口の本格ワインとして、「蜂印香竄葡萄酒」以上に受け入れられた。

赤玉ポートワインのポスター

ポートワインとの出会いから日本人が好む味を追求した鳥井信治郎、自らの原体験から健康増進効果にこだわり続けた神谷伝兵衛。2人の起業家の志の違いが、商品の明暗を分けたともいえる。鳥井は「赤玉ポートワイン」の滋養効果を謳《うた》いつつ、ポジショニングを、薬酒の葡萄酒から嗜好品のワインへと変えることにも成功したのだ。

さらに「赤玉ポートワイン」には、味以上に「蜂印香竄葡萄酒」に差をつけた点があった。世間に衝撃を与えた数々の斬新な広告宣伝活動である。特に1922年（大正11年）に発表した、女優松島《まつしま》栄《え》美《み》子《こ》を使った国内初のヌードポスターは効果絶大であった。こうして「赤玉ポートワイン」は「蜂印香竄葡萄酒」からナンバー1ワインの座を奪い取ったのである。

なお「赤玉ポートワイン」は、ポルトガル政府からの抗議に対応して原産地呼称を遵守するために、1973年（昭和48年）に「赤玉スイートワイン」に改名されている。これは、「ポートワイン」の名称が原産地ポルトガル産以外で使用できなくなったためであった。

一方の「蜂印香竄葡萄酒」のほうも、蜂印が取れた「香竄葡萄酒」として、オエノンが販売し続けている。

約160haにまで達した神谷葡萄園であったが、太平洋戦争で荒廃し、ブドウ畑は戦後の農地改革により解放され、歴史を終えた。その名残は、牛久シャトーから南に細長く延びる住宅街の町名、牛久市神谷《かみや》1〜6丁目に残されるのみである。

ワイン事業と並行して、伝兵衛はほかに2つの発明をしていた。ひとつは、ジャガイモデンプンの搾りかすからエタノールを造る技術。もうひとつは、誰もが一度聞いたら忘れられない名前のカクテルであった。

雷門《かみなりもん》から隅田川《すみだがわ》に向かってすぐの吾妻橋《あずまばし》交差点、台東区《たいとう》浅草1丁目1番地1号にあるバーの名物はと聞かれれば、酒好きならピンとくるはず。そう、伝兵衛は「電気ブラン」の開発者でもあるのだ。

もうお気づきであろう。「神谷バー」は、伝兵衛が最初に起業した「みかはや銘酒店」を1912年に西洋風に改装し、屋号を改めた店なのである。

「電気ブラン」がブランデーベースであることは有名だが、ワインがブレンドされていることまでを知る人は少ない。

日本のワインぶどうの父、川上善兵衛

新潟県南西部に位置する上越市《じょうえつ》、日本海に面した頸城《くびき》平野の田園地帯に古いワイナリーがある。そこが岩《いわ》の原《はら》葡萄園だ。日本有数の米作地帯に、なぜか日本でもっとも古いワイナリーのひとつが存在するのである。上杉謙信《うえすぎけんしん》が生を享け居城とした春日山城《かすがやまじょう》跡までは、直線で12㎞の距離であり、ブドウ畑の見晴らし台からは春日山と日本海を一望できる。

岩の原葡萄園の創始者は、この地でブドウ作りとワイン造りに生涯を捧げた川上善兵衛《かわかみぜんべえ》である。またブドウの品種改良を行い、「マスカット・ベーリーA」などを生み出した。

善兵衛は、1868年（慶応4年）に新潟県北方村《きたがた》（現上越市北方）の豪農の長男として生まれた。だが、父の死によりわずか7歳で家督を引き継ぐことになる。

福沢諭吉《ふくざわゆきち》に憧れていた善兵衛は、慶應義塾《けいおうぎじゅく》で学ぶことを決意し、1882年（明治15年）に上京する。父と親交のあった勝海舟をたびたび訪ね、勝が万延元年遣米使節団で見聞きした欧米について知りたがったという。そんな善兵衛に対し、勝海舟は、欧米の食文化が間違いなく日本にも根付くに違いないと説き、ワインの将来性を語ったのであった。このひと言が善兵衛に大きな影響を与えたと、後に彼自身が述べている。

一方で、善兵衛自身にもワイン造りに賭けたい理由があった。それは多くの小作人を抱えた豪農ならではの責任感と正義感からであった。

善兵衛は、1908年に出版した自身の『葡萄提要《ぶどうていよう》』の緒論で、ブドウ栽培の有用性についてこのように述べている。

「耕作地の面積が全面積の七分の一に達せざる本邦は尚ほ現耕作地外に之に均《ひと》しき未開の平地と之に倍する十五度以内の傾斜地の従来耕作に適せずとして空《むな》しく委棄したるものを変じて最も有益にして集約的なる農業地と化せしむるを得べければ何ぞ農業地の不足なるを訴えん何ぞ遊民の多きを憂ひんや」

郷土に産業を興し、農民を貧しさから解放したいと願う善兵衛にとって、ブドウ栽培とワイン醸造は、既存の田畑を使わずに日本酒用の米を食用に回すことも可能にする、夢と志のプロジェクトとなった。ワインが当時無税であったことも、善兵衛の意欲をかきたてたはずだ。

1887年、善兵衛は小沢善平の撰種園と勝沼に足を運び、ブドウ栽培について学んだ。1891年には、自邸の庭園を壊してブドウ栽培の試作地とした。ここに9品種127株を植えている。また、先祖代々守り続けてきた水田を売り払って、ブドウ栽培のために裏山21haを購入。善兵衛23歳、岩の原葡萄園の始まりである。

翌年には、勝沼の土屋龍憲を訪ねてワイン醸造について学ぶのだった。

善兵衛は1893年にはじめてワインを醸造してみるも、発酵時に温度が高くなりすぎて失敗に終わる。初出荷は4年後の1897年、商品名は「菊水印純粋葡萄酒」であった。

なお1893年には「ナイアガラ」を、1897年には「キャンベルアーリー」を、善兵衛は独自に導入している。どちらも日本のブドウ産業、ワイン産業に大きく貢献する品種に育った。善兵衛が栽培する品種数は、1901年時点で350を超えていたという。

「マスカット・ベーリーA」誕生

善兵衛が品種改良を始めたのは54歳のとき、1922年（大正11年）である。岩の原葡萄園を興してから31年目のチャレンジとなった。

自らワイン醸造も行ってきた善兵衛は、日本産ワインの品質を上げるには、日本の環境に適した品種を育成するしかないという結論に達していた。四十数年間にわたり、500を超える品種を試作評価してきたにもかかわらず、有望品種と出会えなかったためだ。

さらに、越前松平《えちぜんまつだいら》試農場《しのうじょう》で「マスカット・ジェッシカ」の育成に成功していた山田惟正との出会いも大きかった。

日本で育成された初のワイン用品種「マスカット・ベーリーA」は、1927年（昭和2年）に「Bailey」に「マスカット・ハンブルグ」を交配した組み合わせから得られた。「マスカット・ハンブルグ」の父親は「マスカット・オブ・アレキサンドリア」だから、「マスカット・オブ・アレキサンドリア」は「マスカット・ベーリーA」の祖父に当たる。

１９３１年にはじめて結実し、１９４０年に発表された「マスカット・ベーリーＡ」は、収量が多いうえに丈夫で甘く、善兵衛が早い段階からもっとも期待していた品種であった。善兵衛が育成した22品種のうち８番目に当たる。１９５３年頃から、全国で栽培されるようになり、ワイン用にも生食用にも向く優れた品種として大ヒットした。

「マスカット・ベーリーＡ」のワインは、イチゴを思わせるやさしい香りがするのが特徴だ。また、生食用としては濃厚な風味が印象に残るブドウである。

日本で収穫する赤ワイン用原料ブドウのトップ３は、「マスカット・ベーリーＡ」「コンコード」「メルロー」となっている。

他の善兵衛品種でいまも生産し続けられているものは、赤ワイン用の「ブラック・クイーン」、白ワイン用の「ローズ・シオター」「レッド・ミルレンニューム」などだ。

善兵衛は、全財産をブドウ栽培、ワイン醸造、ブドウ育種につぎ込んだ。しかし一意専心し、先祖代々の資産を使い果たしても、岩の原葡萄園の経営は順調には運ばなかったのである。

経営難に陥った岩の原葡萄園を救う人物が現れた。寿屋（現サントリー）を創業した鳥井信治郎である。１９３４年に岩の原葡萄園が法人化した際に、鳥井が共同出資者となったことで、借金を完済できたのだ。園内には川上善兵衛資料館があり、善兵衛の足跡を辿ることができる。

サントリー登美の丘ワイナリー

甲府盆地の北、甲府駅から車で北西に向かって30分弱のところに、総面積150ha、ブドウ畑の面積25haを誇る、サントリー登美《とみ》の丘《おか》ワイナリーがある。

ここは中央本線建設に関わっていた土木建築請負業の小山新助《こやましんすけ》が、1909年（明治42年）に北巨摩郡《きたこまぐん》登美村《とみむら》（現甲斐《かい》市）の丘陵地を開墾し、登美《とみ》農園を開園したことから始まる。小山は新規事業としてワイン造りに取り組みはじめたのだ。翌年にはこの地に「デラウェア」「ナイアガラ」「キャンベルアーリー」「コンコード」などの米国ブドウが植えられ、翌々年には欧州ブドウも植えられた。

1913年（大正2年）には大日本葡萄酒株式会社を興し、1916年には帝国シャンパン株式会社として再出発した。華族から純国産のスパークリングワインを求める声があがったためである。しかし、おいしい商品を製造できずに1921年にスパークリングワインの製造中止に追い込まれてしまう。そこで日本ブドウ酒株式会社と名称変更し、甘口のポートタイプのワイン製造を中心に立て直しを図った。だが、関東大震災で打撃を受けて再建に奔走する中で、登美農園を負債の抵当に出すのだ。結局これも実らず、1925年に倒産してしまった。

1935年（昭和10年）、赤玉ポートワインで大成功した鳥井信治郎は、廃園になった登美農園に目をつける。軍国主義による外貨減らしの国策に従い、輸入ワイン原料を国産に切り替えるためには、ブドウの増産が必要だったためである。前年に出資した岩の原葡萄園が生産するブドウだけでは、まだまだ足りない。こうして11月に、信治郎と善兵衛は登美農園を視察することになる。

善兵衛は現地を確認して、登美農園の復興を決意。陣頭指揮は娘婿の川上英夫《ひでお》が執った。翌1936年、日本ブドウ酒株式会社が保有していた登美農園は、寿屋が事業を継承し、寿屋山梨農場（現登美の丘ワイナリー）として再興することとなる。なお、英夫は後に初代農場長に就任している。

早速善兵衛は、「マスカット・ベーリーA」「ブラック・クイーン」「ローズ・シオター」「レッド・ミルレンニューム」など、自分が育成した品種を植え付けたのだった。

信治郎は、日本のワイン産業振興のために、1955年に山梨葡萄専修学校を、翌年には寿屋葡萄研究所を山梨農場内に開設してもいる。

1975年には、登美の丘で日本ワインの歴史に輝く歴史的な出来事が起きた。日本ではじめて貴腐《きふ》ブドウの収穫に成功したのである。

貴腐ブドウとは、果皮にボトリティス・シネレアというカビの一種が付着したブドウのこと。感染により水分が蒸発しエキス分が凝縮され、まるで干しブドウのようになった果実で造られた貴腐ワインは、甘口ワインの最高峰と称される。ボトリティス・シネレアは灰色カビ病の病原菌であることから、ヨーロッパのごく限られた産地以外での収穫は不可能だと考えられていた。

登美の丘産の貴腐ブドウで製造した貴腐ワインは、1985年に発売された。

また、サントリーはワイン用の品種を自社で開発してもいる。「リースリング・リオン」は、サントリーが1962年に「リースリング」に「甲州三尺《こうしゅうさんじゃく》」を交配し、1975年に育成した品種だ。「甲州三尺」は、「甲州」の突然変異と思われる1房が50㎝ほどの長さになる品種だ。リースリング・リオンは岩手県で普及し、岩手県産白ワインを代表する品種となっている。また「リースリング・フォルテ」は、サントリーが同じ組み合わせから1983年に育成したもので、登美の丘ワイナリーの主力品種のひとつである。

太平洋戦争中に果物のなかでブドウだけが増産された理由

太平洋戦争中、1943年（昭和18年）8月に閣議決定された第2次食糧増産対策要綱によって、果樹、桑、茶、花卉《かき》について大規模な作付転換が強行された。果樹はムギやサツマイモなど必須作物への転換が求められ、1943年から翌年にかけて果樹園の整理、すなわち果樹の伐採が進められた。ただし傾斜地の果樹園は除かれた。

ところがブドウについては、ロッシェル塩《えん》（酒石酸《しゅせきさん》カリウムナトリウム）を作りたい軍需部の申し入れで、すぐに対象から外されている。ロッシェル塩は、音波を増幅する特性があり、敵の潜水艦を探索する水中聴音機（パッシブソナー）に用いられた。ロッシェル塩を作るのに、ブドウの果実が必要不可欠だったからだ。

ブドウの果実には酒石酸という固有の有機酸が含まれている。発酵後に沈殿した滓や貯蔵する酒樽の周壁には、酒石酸の結晶である粗酒石がつく。そして採取した粗酒石に水酸化ナトリウムを化合させると、ロッシェル塩という結晶体が精製されるのだ。なお、酒石酸はブドウ100g中に約0・8g存在する。

1944年、海軍の求めに応じて、酒税をつかさどる大蔵省が酒石酸の増産を決定。海軍は全国のワイン醸造場に粗酒石を採取させ、集めた粗酒石は甲府のサドヤ醸造場をメインとしてロッシェル塩に精製した。

軍需省のポスター（秩父ワイン蔵）

サドヤ醸造場が選ばれたのは、1942年に酒石酸の抽出に成功しており、海軍技術研究所甲府分室が設置されていたためだ。

「ブドーハ科学兵器」の合言葉で、戦時中、ブドウだけは逆に増産されたのである。粗酒石を取り出すには、糖分があるとうまくいかないため、発酵させて糖分をアルコールに変える必要があった。これがワイナリーが優遇された理由である。

事実ワインの製造量は、1944年の約1300万リットルから1945年には3420万リットルに急増している。

おかげで日本のワイン産業は、戦後いち早く復興できた。ただし個々のワイナリーを見ると、大きく明暗が分かれた。おいしいワインを造る技術力のある会社はよかったが、粗酒石を取るだけでおいしいワインを造れなかった会社は多数倒産に追い込まれた。

ワインから過剰に粗酒石を取り出すためには、石灰でワインを中和させる。そうすると副産物としてワインの抜け殻のような液体が大量に残ることになる。この液体がアルコールを含むため、酒として配給に回ったのだ。こうしたpHの高い酒は酢酸菌が生えやすく、酸っぱく、まずくなりやすい。この酒を飲んだときの印象が強く残り、消費者の国産ワインに対する見方が厳しくなったためであった。

桔梗ヶ原ワインバレーならではの魅力

長野県にある中央本線塩尻《しおじり》駅には、日本の駅でここだけにしかないというものが3・4番線ホームに設置されている。これが何だか想像はつくだろうか。

正解は、ブドウ棚だ。

松本《まつもと》寄りのホームの上屋を撤去して造られたスペースは、「みどりの風と香りただようホームのブドウ園」と名づけられ、初夏から秋にかけてベンチに座りブドウの房を見上げながら木漏れ日を楽しめる。ここに植えられている品種は、「メルロー」と「ナイアガラ」である。

桔梗《ききょう》ヶ原《がはら》ワインバレーは、塩尻駅の西部に広がる標高700m超、約8㎢の地域のことをいう。昼夜の温度差が大きいことなど気候的に恵まれた桔梗ヶ原は、ワイン好きの間では、フランスのボルドーやブルゴーニュに匹敵するとも噂《うわさ》される。

いまでこそ桔梗ヶ原の名は世界のワイン通に知られるまでになったが、もともとこの地はどんな作物も育たない不毛の原野であった。それを1890年代に開拓して生まれた耕地なのだ。

塩尻市のホームページでは、桔梗ヶ原について次のように解説している。

「塩尻のぶどう栽培は、明治23年（1890年）に豊島理喜治《とよしまりきじ》氏が、桔梗ヶ原に約1haのアメリカ系ぶどうの「コンコード」「ナイアガラ」など20種、3000本の苗を試植したことから始まります。明治30年には、栽培面積が5haに増加し、翌年には県内ではじめてワインが製造されました。」

続いて1911年には、五一《ごいち》わいん（林《はやし》農園）の創業者である林五一《はやしごいち》が入植して、リンゴ、ナシとともにブドウ生産を開始した。

塩尻市には17のワイナリー（16社1高校）があり、毎年5月に塩尻ワイナリーフェスタが行われる。ワイナリーが狭いエリアに固まっていて移動が楽なこともあり、入場券が一瞬で売り切れるほどの人気である。

高校生なのにワインの製造販売が許されている塩尻志学館高校

桔梗ヶ原には、校内でブドウの生産から醸造、瓶詰めまでを行う日本唯一の高校、長野県塩《しお》尻《じり》志《し》学《がく》館《かん》高等学校がある。

1943年（昭和18年）に同校が果実酒製造免許を取得できたのには、特別な理由がある。すでに述べた潜水艦のソナーの原材料となる酒石酸生産を目的としていたためだ。当時は長野県東《ひがし》筑《ちく》摩《ま》農学校という校名であった。

塩尻志学館高校が校内の圃場で栽培している品種は、「メルロー」「コンコード」「カベルネ・ソーヴィニヨン」「ナイアガラ」「シャルドネ」「甲州」。これらを用いて生徒が手作りで毎年4000リットル前後（5000〜7000本）を製造し、「KIKYOワイン」のブランドで販売しているというから、もう立派なワイナリーである。1980年頃から2000年（平成12年）頃までは、毎年1万本も生産していたそうだ。

ワインを製造している高校はほかにもあることはあるが、いずれも生産量は200リットル以下に制限されている。

量だけではない。味の面でもワイナリーにひけをとることはない。Japan Wine Competition（国産ワインコンクール）において、2008年には同校の「メルロー樽熟2006」が欧州系品種赤のカテゴリーで、2010年には「マスカットベリーA樽熟2008」が国内改良等品種赤のカテゴリーで、それぞれ銅賞を獲得。その実力は推し量れようというものだ。

校舎がラベルにデザインされている「KIKYOワイン」は、桔梗祭《ききょうさい》と名づけられている7月の文化祭でのみ購入することができる。ある卒業生が、赤と白が大部分で、ロゼは激レア商品だと教えてくれた。

ワイン製造に関わるのは「ワイン製造」と「ワイン学」の科目を選択した約50名の生徒で、2年次と3年次に実際にワイン製造を行う。授業には、ワインの科学等の専門的な内容も含まれている。また希望者は、フランスや北海道のワイナリーで研修することも可能だ。

高度な専門知識を身に付けることができても、未成年のワイン製造実習には試飲がない。生徒は舐《な》めもしないし、一滴たりとも口に含むことはない。人材育成の観点からは、味わうことができない食品製造実習では十分な教育効果は得られないと感じるし、酒好きの立場からは、こんな酷な実習はないと思ってしまう。

が、余計な心配は無用だった。塩尻志学館高校はとっておきの機会を生徒に用意している。生徒が卒業年度に造った赤ワインを、ひとり1本ずつ学校が21歳になる年まで保管しているのだ。

生徒は卒業して3年目の年に、友人と連れ立って恩師と試飲したり、桔梗祭などそれぞれ思い思いのタイミングで思い出のワインを味わう伝統があるのだ。

味を確認できない製造実習について、生徒はどう思っているのだろうか。先ほどの卒業生に尋ねてみた。

「ワインは貯蔵中においしくなっていくものですよね。だから待つのはまったく苦になりません。味わう楽しみが大きくなっていくってことですから。一緒に造った仲間が卒業してどれだけ成長しているか、それを知りたい気持ちと一緒ですよ」

4　そのまま食べておいしいブドウはどうやって発展したか

岡山県生まれの「ネオマスカット」

生食用ブドウのナンバー1品種は、甲州→デラウェア→巨峰《きょほう》→シャインマスカットと移り変わってきた。「デラウェア」と「巨峰」の間に、「マスカット・オブ・アレキサンドリア」に似たベストセラー品種が生まれている。その名も「ネオマスカット」。温室でしか栽培できない「マスカット・オブ・アレキサンドリア」を、露地でも栽培できるようにした品種である。育成したのは、岡山県上道《じょうとう》郡浮田村《うきたそん》（現岡山市東区）の広田盛正《ひろたもりまさ》だ。広田は1925年（大正14年）に「マスカット・オブ・アレキサンドリア」に「甲州三尺」を交配してこれを育成。1932年（昭和7年）に「ネオマスカット」と命名した。粒は小ぶりになったが、特徴的なマスカット香はしっかり受け継がれた。

すぐに山梨県に導入され、勝沼町、甲府市、一宮町《いちのみやちょう》（現笛吹市《ふえふき》）の3名の生産者のもとで試作が行われた。しかし、「ネオマスカット」が積極的に増やされるようになったのは、終戦後の１９５０年頃からである。山梨県では、早生の「デラウェア」と晩生の「甲州」の間に出荷できる有望品種となり、最盛期の栽培面積は県内だけで１０００haを超えるまでになった。

「巨峰」の開発に生涯を捧げた大井上康

「シャインマスカット」の登場によって存在感が薄れつつあるものの、日本生まれの品種で「巨峰」ほど偉大な品種は存在しない。１９９８年（平成10年）、最盛期の面積は、６６６０haだ。イネにたとえれば「コシヒカリ」級、リンゴにたとえれば「ふじ」級の存在なのである。

「巨峰」が世に送り出されたのは「コシヒカリ」よりも約10年早く、終戦の年１９４５年（昭和20年）頃であった。品種になる前の段階で、切り倒されることなく太平洋戦争を生き抜いたという、リンゴの「ふじ」とまったく同じ生い立ちを持つ。

太平洋戦争中にひとりブドウの育種を続けた人物は、静岡県中伊豆に私費で理農学研究所を設立した大井上康《おおいのうえやすし》であった。

大井上は、１８９２年（明治25年）に後の海軍少将大井上久磨《きゅうま》の次男として、呉《くれ》軍港近く広島県安芸《あき》郡江田島町《えたじまちょう》（現江田島市）の海軍兵学校官舎で生まれた。彼は片足が不自由であったことから兵役に就けず、農業技術者を志す。東京農業大学卒業後、１９１６年（大正５年）に神谷葡萄園で主任技師として職を得た。１９１９年には、27歳で大井上理農学研究所を設立し、静岡県田方郡《たがた》下大見村《しもおおみむら》（現伊豆市上白岩《いずかみしらいわ》）で研究開発を始めるのである。神谷伝兵衛とは異なり、大井上は、ワイン用ではなく生食用のブドウに大きな可能性を見出《みいだ》していた。

大井上は、自らの戦線で独り日の丸を背負い、打倒海外品種を決意した。長く育種家として品種改良に従事してきた者として、私にはこう思えてならない。

1922～24年にかけて大井上は、フランスやイタリアなどでブドウ栽培、醸造、農業技術、植物生理学を学ぶ。その後1937年に、「石原早生《いしはら》」に「センテニアル」を交配し、この組み合わせから終戦直後に「巨峰」が生まれたのだ。「巨峰」の名は、研究所から見える富士山の姿にちなむ。

母親の「石原早生」は、岡山県の石原農園で発見された「キャンベルアーリー」の4倍体突然変異品種で、「センテニアル」はオーストラリアで発見された「ロザキ」の4倍体突然変異品種だ。当時「キャンベルアーリー」は日本における主力品種になっていたが、「ロザキ」も「センテニアル」も、どちらも日本では栽培が難しいマイナー品種だった。

結実しにくいという「巨峰」そのものの問題に加えて、戦後の食糧難という時代背景もあり、果樹への関心が高まらない中で、1952年に大井上は亡くなる。

4倍体品種特有の栽培性の悪さは、先進的な栽培理論である栄養周期説を提唱した大井上をもってしても解決できなかったのである。

大井上には、彼を慕う多くの弟子たち支持者たちがいた。「巨峰」は理農技術協会（現日本巨峰会）によって、1953年に種苗登録出願された。が、結実が不安定なうえに房から実が取れやすいという理由で、拒否。農家が栽培するには技術対策が不十分という理由で、登録が不許可となった。農林省が栽培する価値がない品種、栽培した農家を損させる品種だと「巨峰」の価値を否定したのである。このこともあって「巨峰」の普及はいっこうに進まなかった。

「巨峰」の生産に最初に成功したのは、福岡県浮羽《うきは》郡田主丸町《たぬしまるまち》（現久留米《くるめ》市田主丸町）の生産者たちであった。大井上の一番弟子であった越智道重《おちみちしげ》を中心に栽培技術を確立したのである。ところが、せっかく生産した「巨峰」が売れないという大問題に直面してしまう。収穫して数日経てば粒がバラバラと外れてしまう「巨峰」特有の欠点によって、市場に相手にしてもらえなかったためだ。

困りはてた田主丸の生産者たちは、「巨峰」のブドウ狩りを思いつく。おいしさは誰もが認めていた「巨峰」である。「巨峰」狩りができる観光ブドウ園として売り込んだのだ。消費者に直接販売できるため、脱粒の問題も回避できる。さらに冷蔵庫の普及もこれを後押しした。冷蔵庫に入れておけば、バラバラに外れることはないことがわかったためである。

結果は大成功。連なった観光バスで消費者が田主丸に押し寄せるまでになった。

なお、全国的に「巨峰」人気に火が着いたのは、1965年頃からだ。1993年には「デラウェア」に代わり、国内出荷量日本一の品種になった。こうして「巨峰」は2020年（令和2年）に「シャインマスカット」に抜かれるまで、日本のブドウ人気を支え続けたのだ。

種なしブドウの種明かし

種なしブドウは、いまでこそ「シャインマスカット」「クイーンニーナ」「デラウェア」「巨峰」「ピオーネ」「藤稔《ふじみのり》」といろいろな種類があるが、かつては「デラウェア」の代名詞であった。それゆえ「デラウェア」自体が、種ができない品種だと思っている人も多い。

じつは「デラウェア」や「シャインマスカット」に限らず、レーズン用の「トンプソンシードレス（サルタナ）」などの特殊な品種を除き、どの品種ももともとはタネができる。

種なしブドウは、花の集合体である花穂を、満開前後に1〜2回ジベレリン水溶液に浸すジベレリン処理によって作られる。

ジベレリンが発見されたのは1926年（大正15年）。日本統治下の台湾農事試験場でイネばか苗病の研究をしていた黒沢英一《くろさわえいいち》によってである。イネばか苗病はカビによる病気で、節間が著しく徒長し、葉は黄化、収量が減る。この原因毒素としての発見であった。

ジベレリンの結晶化に成功したのは東京大学の藪田貞治郎《やぶたていじろう》教授であり、命名も藪田だ。

そもそもジベレリンはブドウの種なし化を狙ったわけではない。ブドウの房の節が詰まりすぎずに、果実1粒1粒が十分に膨らむ間隔が取れるように、節間を伸ばすことを目的に使われたのである。

1957年（昭和32年）から、全国の農業試験場が参加したジベレリン研究会では、国がバックアップし産官学連携で各種農作物を対象とした試験が開始された。翌年、思いがけないことが起きる。山梨県農業試験場などで、偶然種なしの果実が見つかったのだ。しかも収穫時期が2週間以上早まるのである。そこで1959年の試験目的は、種なしブドウ生産に切り替えて10府県で実施された。

種なし「デラウェア」がはじめて出荷されたのは、1960年である。220haの面積で生産された種なし「デラウェア」には、種あり「デラウェア」の2～3倍の値段がついたのである。ブドウのジベレリン処理は、これほどの短期間で実用化に至った新技術なのだ。1965年頃には山梨県産の「デラウェア」は、ほとんどが種なしとなった。

残念なことに、現在でもすべてのブドウ品種を種なしにできるわけではない。種なし化は、「デラウェア」のように極めて容易なものから「甲州」のように極めて困難なものまで、品種間差が大きい。「巨峰」にしても、種なし化が実用レベルに達したのは、「デラウェア」の成功から20年を要している。

「甲州」「マスカット・オブ・アレキサンドリア」「甲斐路《かいじ》」「スチューベン」などは、ジベレリン処理でも種なしにできない品種だ。

師の思いを継いだ弟子が育成した「ピオーネ」

「ピオーネ」は「巨峰」によく似た品種で、店頭でもよく見かける。「巨峰」よりも大粒で、

「シャインマスカット」「巨峰」「デラウェア」に次ぐ生産量第4位の品種だ。輸送性、貯蔵性の点で「巨峰」よりも優れている。食感も「巨峰」よりよい。ただ、「巨峰」以上に結実させるのが難しいという欠点があり、「巨峰」にとって代わることはできなかった。

ピオーネはイタリア語で開拓者の意味。品種登録時に、英語のパイオニアがすでに登録されていて使えなかったために、この名になった。

育種者は、静岡県田方郡伊豆長岡町《いずながおかちょう》(現伊豆《いず》の国《くに》市)の井川秀雄《いかわひでお》である。井川は栽培技術を学びに大井上康の理農学研究所に通ううちに、ブドウの育種に興味を持つ。このとき55歳であった。

「ピオーネ」は、1957年(昭和32年)に「巨峰」に「カノンホールマスカット」を交配した組み合わせから得られ、1973年に品種登録された。井川は61歳で「ピオーネ」を育成したことになる。「カノンホールマスカット」は、「マスカット・オブ・アレキサンドリア」の4倍体枝変わり品種である。

「ピオーネ」はジベレリン処理による種なし栽培で結実が安定した。ジベレリンのおかげで、大ヒット品種になれたともいえる。

「ニューピオーネ」という名前を見かけることがあるが、その正体は種なし「ピオーネ」だ。

「紅富士《べにふじ》」「紅伊豆《べにいず》」「伊豆錦《いずにしき》」「ハニーレッド」等の4倍体品種も育成した井川は、次の言葉を私たちに遺してくれている。

「誰が何と云《い》ってもやって見なければわからない」

「藤稔」と「ルビーロマン」

「巨峰」に似た品種としては、「藤稔」も大ヒットした。「ピオーネ」に次ぐ存在の「藤稔」は、黒ブドウで最大級30ｇほどの大きな実をつける。ジューシーさでも「巨峰」「ピオーネ」を上回る。育成者は神奈川県藤沢《ふじさわ》市の青木《あおき》一直《かずなお》である。名前どおり藤沢市で稔《みの》った品種だ。「藤稔」は「井川６８２」に「ピオーネ」を交配するという、井川秀雄が育成した品種同士の組み合わせから得られ、１９８５年（昭和60年）に品種登録された。

初競りの高値で話題を振りまいてくれる「ルビーロマン」は、石川県農業総合研究センター砂丘地農業試験場が育成した第1号品種だ。「巨峰」の2倍近い大きさの粒になる赤ブドウである。この大きさは親の「藤稔」譲りだ。「ルビーロマン」は１９９５年（平成7年）に「藤稔」の自然交雑種子を播いたなかから得られた。２００７年に品種登録され、翌年から出荷が始まった。

当時、石川県ではまだ「デラウェア」が主力品種となっており、生産者があまり利益をあげられずにいた。この状況を打開しようと、県オリジナル品種の開発に乗り出したわけだ。

高級ブドウのイメージを定着させるために、石川県はさまざまな施策を打った。これが奏功し、２０１１年の初競りでは、1房50万円という値段がつく。このニュースは日本国内のみならず、『ウォール・ストリート・ジャーナル』の電子版でも世界一高いブドウと紹介された。

こうして「ルビーロマン」の初競りは、夕張《ゆうばり》メロンのように毎年ニュースで取り上げられるようになった。石川県にとっては、してやったりの宣伝効果だ。

2023年（令和5年）には、約1kgの1房が160万円で競り落とされた。30g以上の粒が1房に33粒ついていたから、1粒4万8500円程度にもなる。

石川県のブドウの10a当たりの収量は、農林水産省が統計を取っている25道府県中、609kgと最下位に沈む。これはトップ岡山県の1320kgの半分にも満たない。

これには、「1粒20g以上、糖度18度以上、果皮の赤色も基準以上」という、厳しい「ルビーロマン」の出荷基準も影響していそうだ。

出荷基準を満たさない品質の房は、よい粒だけを選んでケーキなどの加工食品用に回したりはしている。ただ十分な利益を確保できているのは、まだ一部の生産者に限られている。

消費者が喜ぶ優れた特徴がありながら、生産者にとって栽培しにくい品種は、生産者が儲からないために普及しにくい。このような品種は、生産者が諦める前に、その品種固有の栽培管理技術を開発できるかどうかが明暗を分ける。はたして「ルビーロマン」は、真の優良品種になれるのだろうか。

山梨県甲府市には、ブドウの品種改良と苗木の生産販売を行う植原《うえはら》葡萄研究所がある。植原葡萄研究所は、ブドウ農家の植原正蔵《しょうぞう》によって１９５３年（昭和28年）に開設された。

正蔵は、「ネオマスカット」を最初に試作した３人のなかのひとりである。そして真っ先に「ネオマスカット」のポテンシャルに気づいた人物であった。太平洋戦争が始まる直前、「甲州」人気の絶頂期に、正蔵は次のような無茶をしている。

50aほどの畑の「甲州」の枝をすべて切り、父に内緒で「ネオマスカット」を接ぐという勝負に出てしまう。他の２人が試験的な栽培を続けるのを横目で見ながら一気にだ。

すぐに太平洋戦争に突入したため、この賭けの答えはすぐには出なかった。だが終戦後の混乱期、思わぬところから大口の注文が入った。「ネオマスカット」がアメリカ兵に人気となり、横浜の進駐軍が大口の顧客となったのである。これで「ネオマスカット」ブームの火が着く。なにしろ「ネオマスカット」の穂木を大量に供給できるのは、正蔵ただひとりだったのである。そこでいまに続く、ブドウ苗を生産販売する事業が始められた。

もちろん一世を風靡《ふうび》した「ネオマスカット」の栽培方法は、正蔵によって確立されたのだ。

「ネオマスカット」の生産量が増えすぎて人気が下がってくると、正蔵は赤い「マスカット・オブ・アレキサンドリア」を育成しようと考える。そして１９５５年に「フレームトーケー」に「ネオマスカット」を交配し、「甲斐路」を生み出したのである。「甲斐路」は１９７７年に品種登録された、マスカット香を持つ甘みの強い赤ブドウだ。山梨特産の高級ブドウとしてヒット品種となった「甲斐路」は、赤いマスカットとも称された。

大学を卒業してすぐに家業を継いだ息子の宣紘《のぶひろ》も、ブドウ園経営と苗木生産のかたわら育種を始める。宣紘の代表作は「ロザリオビアンコ」だ。

「ロザリオビアンコ」は、1976年に「ロザキ」に「マスカット・オブ・アレキサンドリア」を交配した組み合わせから得られた。「ロザキ」はアラビア生まれ。イタリアを筆頭に世界各国で主要品種になっている。「ロザリオビアンコ」はマスカット香こそ弱いものの、消費者受けするジューシーさと風味で、「ネオマスカット」のポジションを奪うヒット品種になった。品種登録は1987年である。

宣紘は、「紫玉」「マニキュアフィンガー」「悟紅玉《ごこうぎょく》（ゴルビー）」なども育成している。

なお、3代目となる現社長の剛《つよし》も育種を続けている。

「皮ごと食べる」という革命の元祖は「瀬戸ジャイアンツ」

マスカット香がして皮ごと食べられる甘くておいしい品種は、「シャインマスカット」が最初ではない。「シャインマスカット」よりも17年も前に品種登録された「瀬戸《せと》ジャイアンツ」が元祖なのである。もちろんジベレリン処理で種なしにできる。

「瀬戸ジャイアンツ」は岡山市の花澤茂《はなざわしげる》によって育成された。1979年（昭和54年）に「グザルカラー」に「ネオマスカット」を交配した組み合わせから選抜されている。

花澤は農業高校の教師をするかたわら、1967年に農地を取得して育種を開始した。「デラウェア」の種なし化と「巨峰」の登場により、岡山県主力の「キャンベルアーリー」の市況が低迷した状況を見て、生産者が儲かる品種を自分で開発しようと決意したのである。

「瀬戸ジャイアンツ」は栽培が難しく、大きくなる粒はいびつで、当初は評価されなかった。しかし花澤と「瀬戸ジャイアンツ」に惚《ほ》れ込《こ》んだ人たちの努力で、メディアにも引っ張りだこの超高級ブドウの地位を確立するに至った。「桃太郎《ももたろう》ぶどう」の商標名も、岡山生まれとモモのような変わった形の粒を魅力的に伝えるのに、大きな効果を発揮した。

花澤は1989年（平成元年）に早期退職して花澤ぶどう研究所を開設し、「瀬戸ジャイアンツ」の栽培方法確立とブドウの品種改良に専念する人生を選択している。

「シャインマスカット」は甘すぎると感じる人には、すっきりとした後味の甘みが印象的な「瀬戸ジャイアンツ」をおススメしたい。

大粒ブドウは世界でも珍しい日本独自技術の結晶

私たち日本人が見慣れた「巨峰」や「ピオーネ」などの大粒ブドウは、世界的には極めて珍しいタイプの品種である。海外では、1粒があのサイズになるブドウにお目にかかることはほとんどない。なぜなら日本だけが、染色体の数が倍になった4倍体品種という変わり者が幅を利かせる特殊な市場だからだ。

4倍体品種には、栽培性が劣ったり収量が落ちたりと、大きな欠点がつきまとう宿命がある。ブドウに関して日本はこの問題を世界に先駆けて解決したために、4倍体品種が主役となった。このエポックメーキングな品種こそが、「巨峰」なのだ。「ピオーネ」「藤稔」「ルビーロマン」はもちろんのこと、「クイーンニーナ」「安芸クイーン」「ゴルビー」も4倍体である。

日本のブドウ育種は、「巨峰」の生みの親である大井上康と「マスカット・ベーリーA」の生みの親である川上善兵衛を筆頭に、長く個人育種家の独壇場であった。同じ果物でも、リンゴやナシ、柑橘類とは異なり、国や県の存在が霞《かす》んでしまうほど個人育種家が次々と優れた品種を生み出し続けている。これもまた日本がブドウ先進国である証《あかし》のひとつだといえよう。

なぜかブドウでは、国の試験場はこれまで個人育種家にまったく歯が立たなかった。この状況も「シャインマスカット」によって一変した。

「シャインマスカット」の光と影

果物における近年随一のヒット品種といえば、「シャインマスカット」につきよう。日本の消費者にとって皮ごと食べられるブドウという付加価値は、「シャインマスカット」によってもたらされたといってよい。皮も種も気にせずに果実を口にできる「シャインマスカット」の登場は、種なしという新たな価値を提供した「デラウェア」以来の大革命だ。

デビュー初年度2007年（平成19年）の栽培面積は2・0ha、それが13年後の2020年

（令和2年）には、２２８０・７haにまで広がった。これほどのスピードで普及した品種は過去に例がない。

「シャインマスカット」は、国の農研機構によって育成された品種である。

１９８８年（昭和63年）に「安芸津21号」に「白南《はくなん》」を交配した組み合わせから選抜され、２００６年に品種登録されている。「安芸津21号」の父親は「マスカット・オブ・アレキサンドリア」、植原葡萄研究所が育成した「白南」の父親は「甲斐路」だから、「シャインマスカット」は祖父も高祖父《こうそふ》も「マスカット・オブ・アレキサンドリア」だということになる。

育種目標は、まさに花澤の「瀬戸ジャイアンツ」を栽培しやすくした品種であった。皮は薄くて渋みがなく、その存在をまったく感じさせない。歯切れと歯ごたえのよい果肉に、マスカット香が乗った濃い甘み。さらに丈夫で栽培しやすいと大きな欠点は何ひとつない優秀な品種が、突如として現れたのである。

ブドウ生産者の所得を増やし、流通業者・販売業者も儲かり、ここまで大量に生産してもまだ価格が下支えされているのだから、ブドウ界の救世主かといった感じだ。

国によるブドウ育種は１９３０年に始められたが、その後しばらくして長く中断されていた。これが再開されたのは１９６８年。園芸試験場安芸津支場でであった。

農研機構のなかでブドウの品種改良にかける資源はわずかであり、そのなかでもこれだけの成果を生み出したことには、手放しで賞賛するほかない。

「シャインマスカット」は日持ちもよく脱粒しにくいため、国産ブドウの海外輸出にも貢献することが期待された。だが、海外で品種権を取得しなかったため、海外での増殖が行われてしまった。これを防ぐ手立てを失ったのがつくづく惜しまれる。民間企業であれば、おそらく起きえなかった失策である。まさに縦割り行政の弱みが表出した事例だといえる。

起きてしまったことをいつまでも悔やんでもしかたがない。再発防止とポスト「シャインマスカット」育成に全力を傾けるのみだ。

すでに「シャインマスカット」を交配親に使った「ジュエルマスカット」「雄宝《ゆうほう》」「ヌーベルローズ」「コトピー」「クイーンルージュ（長果G11）」「富士の輝《かがやき》」「サンシャインレッド」などなど、「シャインマスカット」の子どもたちがいっせいに登場してきている。

国が育成した品種では、私は「シャインマスカット」よりも「クイーンニーナ」に衝撃を受けた。果肉の硬さ、味、香り、どれをとってもキレがよく、新しさを感じさせてくれたからだ。「クイーンニーナ」は2011年に品種登録された大粒の赤ブドウで、「安芸津20号」に「安芸クイーン」を交配して得られた。父親の「安芸クイーン」は「巨峰」の自然交雑実生から選抜された品種である。

「シャインマスカット」以降の有望品種

「シャインマスカット」の大ヒットによって、生食用ブドウの新品種に求められる水準が、それ以前と比べて一段高まった。果皮が緑色の白ブドウでは、一気に数段あがってしまったといえる。「シャインマスカット」のせいで、一時は相当期待されながら、日の目を見ることなく淘汰《とうた》された品種候補がかなりあるに違いない。

「ナガノパープル」は、長野県果樹試験場が満を持して送り出した、皮ごと食べられる黒ブドウだ。次世代の「巨峰」という位置づけの品種である。1990年（平成2年）に「巨峰」に「リザマート」を交配して得られた3倍体の種なし品種で、2004年に品種登録された。

「ナガノパープル」は「巨峰」よりも果皮が薄く、果皮の渋味が少ないため、皮ごと食べられる。皮の存在が気にならないかどうかは、食べる人次第だ。ただ「シャインマスカット」のように、皮ごと食べて誰もがおいしいと感じるレベルには達していない。生産は長野県内に限定されていたが、2018年からは長野県外でも栽培できるようになった。

同じく長野県果樹試験場が育成した、皮ごと食べられる赤ブドウが「クイーンルージュ（長果G11）」である。2008年に「ユニコーン」に「シャインマスカット」を交配して育成された。長野県限定の、マスカット香がある赤ブドウとして人気が高まっている。

山梨県も負けてはいない。「クイーンルージュ」の対抗品種を出してきた。2022年（令和4年）に品種登録された「サンシャインレッド（甲斐ベリー7）」がそれだ。2004年に、「サニードルチェ」に「シャインマスカット」を交配して育成した赤ブドウである。しっかりマスカット香があり、皮の存在も気にならない。県内生産者の評価も上々だ。

けれども「サンシャインレッド」の商標名は、ブドウ関係者受けがあまりよろしくない。「甲斐路」が早生になった枝変わりの「シャインレッド」がすでに存在するためだ。

笛吹川フルーツ公園と横溝正史

山梨市《やまなしし》には、1995年に開園した県営の笛吹川《ふえふきがわ》フルーツ公園がある。「ブラックキング」や「サンシャインレッド」を育成した山梨県果樹試験場と隣接しているのもうれしい。

高低差のある広大な公園からは甲府盆地を見晴らせ、御坂《みさか》山地の山並み越しには富士山も見える。園内には甲州八珍果が集められた果樹園やブドウ畑があるほか、街路樹に果樹を使っているところが、子どもから大人までが楽しめる「花とフルーツとワインの公園」らしい。

西の端にはなぜか横溝正史館《よこみぞせいしかん》がある。それは1955年(昭和30年)頃に東京都世田谷区成城《せいじょう》に建てられた木造平屋で、横溝正史が晩年まで書斎として使っていた建物だ。それがそのまま自筆原稿などとともに保管されている。『悪魔の手毬唄《てまりうた》』もこの建物で執筆された。

『悪魔の手毬唄』といえば、『犬神家《いぬがみけ》の一族』と並び、何度も映画やドラマになった名探偵金田一耕助《きんだいちこうすけ》シリーズの人気作。1977年には市川崑《いちかわこん》監督、石坂浩二《いしざかこうじ》主演の映画が公開された。

手毬唄の歌詞どおりに次々と殺人事件が起きる中で、昭和30年という時代設定のブドウ畑とブドウ、葡萄酒醸造所とワインが、印象的に用いられている。冒頭の冬枯れしたブドウ畑のシーンは、サントリー登美の丘ワイナリーで撮影された。

第4章　イチゴ――日本初の品種が誕生したのは新宿駅のすぐ近く

イチゴには毎年特別な晴れ舞台が用意されている。つややかに煌《きら》めくあの色とあのフォルムは、クリスマスのためにデザインされたのではないかと思ってしまうほどだ。いち消費者としては、値段を気にしつつも、ついついイチゴが使われたスイーツに手を伸ばしてしまう。

日本人が家族でクリスマスを祝うのがふつうになったのは、昭和30年代から。昭和40年代には冷蔵庫が普及し、クリスマスケーキは生クリームを使いイチゴを飾ったものが定番となった。

イチゴの生産者にとっては、一年でもっとも価格が高くなる12月から新年にかけてどれだけの量を出荷できるかが、最大の経営課題になっている。

こうしてイチゴにはすっかり冬のフルーツのイメージがついてしまったが、本来は春の訪れを感じて花を咲かせ、春遅くから夏にかけて実をつける作物なのだ。

2022年（令和4年）に実施された「果物に関するアンケート調査」（マイボイスコム調べ）では、日本人はイチゴが一番好きだという結果が出た。2位以降は、モモ、ナシ、ミカン、リンゴ、ブドウ、メロン、バナナ、スイカ、パイナップル、オレンジ、サクランボ、キウイフルーツ、カキの順で続く。

回答者1万1160人のうち、イチゴに対しては73・6％が好きだと答えており、2位モモの66・4％、3位ナシの64・7％を引き離している。私自身これまでイチゴが苦手だという人に出会ったことはない。日本人はイチゴの虜になっているに違いない。

1　最初は日本人の口に合わなかった

奇跡の出会いで誕生したイチゴ

私たちが食べているイチゴは、ある野生種が長い年月をかけて選抜を繰り返していまの姿になったわけではない。いまから150年ほど前、アメリカ産の野生種とチリ産の野生種とがヨーロッパで奇跡的に出会って、地球上に生まれた作物なのだ。

まずは16世紀中に甘いが実の小さいアメリカ産のフラガリア・ヴァージニアナが、フランスとイギリスに伝わった。次いで1714年に大きな果実をつけるチリ産のフラガリア・チロエンシスがフランスに入った。そして18世紀前半に、この2種がたまたま交雑されて生まれた雑種フラガリア・アナナッサが、ほぼすべての品種のご先祖様だというわけである。

1765年にはフランスの植物学者アントワーヌ・ニコラ・デュシェーヌがこれらの雑種を

作出し、これを証明した。その後の品種改良は、イギリス、フランス、ドイツで進められ、遅れてアメリカがこれに続いた。

日本には江戸末期、1850年（嘉永3年）にオランダから伝わったとされる。そのためオランダイチゴと呼ばれていた時代もある。ただ当時の日本人にはおいしくは感じられなかったのだろう。日本ですぐに広まることはなかった。

広まったのは出島や外国人居留地から

いわゆるイチゴが日本の文献にはじめて登場したのは、1828年（文政11年）に出版された岩崎灌園《いわさきかんえん》の『本草図譜《ほんぞうずふ》』のなかでであった。そこには「をらんだのへびいちご」の説明とその絵が記載されている。

ただし、これは当時オランダで栽培されていたヨーロッパ原産の野生種フラガリア・モスカータであった可能性もあり、いまの品種の祖先であったかどうかははっきりしない。

いずれにせよ、日本におけるイチゴの物語は、オランダ人によって長崎の出島《でじま》に持ち込まれて始まった。出島には畑もあり、オランダ人が食べたい野菜が栽培されていた。その畑は、もともとはシーボルトが1823年に作った植物育成園であり、当初は出島の外で採集された日本原産の植物の栽培を目的としていた。

先ほど述べたように、幕末の日本人はイチゴを喜んで迎え入れたわけではない。長崎から日

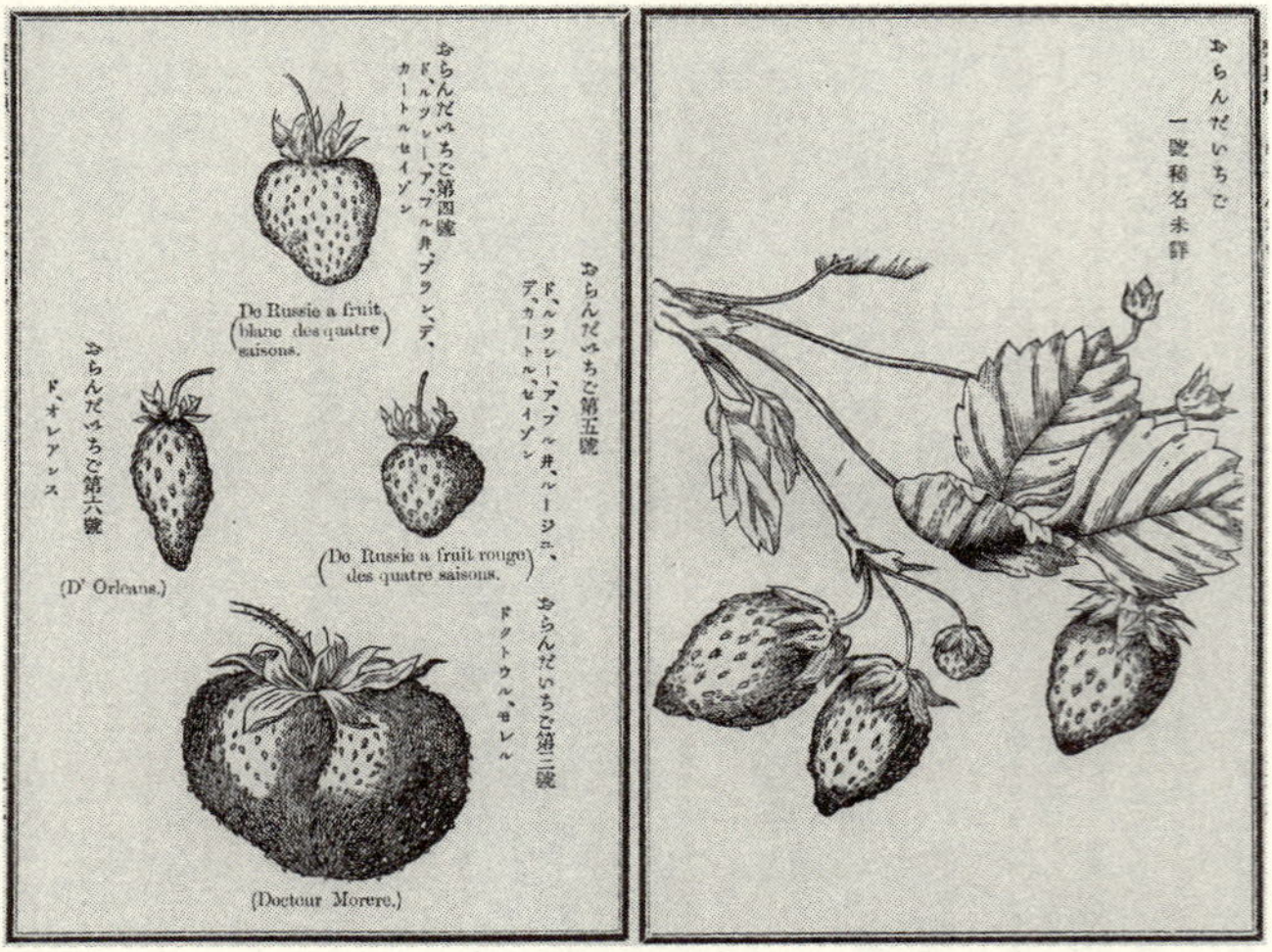

「おらんだいちご」（竹中卓郎著『舶来果樹要覧』大日本農会三田育種場、1884年）

本各地にイチゴ栽培が広がっていったのは、幕府が時代の流れに逆らえずに認めた外国人居留地からである。新たに居留できるようになった箱館《はこだて》、横浜、新潟、神戸、長崎に住み、イチゴを食べたがった外国人のおかげなのだ。1858年（安政5年）に米、英、仏、露、蘭と締結された安政五ヵ国条約は、人知れずイチゴの普及にも貢献していたことになる。

明治維新以前の横浜での外国人の栽培事例に、医師であり宣教師であったジェームズ・カーティス・ヘボンがある。ヘボン式ローマ字表記を生み出し、日本初の和英辞典『和英《わえい》語林《ごりん》集成《しゅうせい》』を編纂、私財を投じて明治学院を設立したヘボンのことだ。ヘボン夫妻が横浜居留地時代（1862〜76）に住んでいた家の庭で、妻のクララがイチゴを栽培していたのである。そのヘボン博士邸跡は、山下《やました》公園からも元町《もとまち》・中華街《ちゅうかがい》駅からもほんのすぐだ。

東京におけるイチゴ栽培ことはじめ

東京でのイチゴ栽培は築地から始まった。安政五ヵ国条約から11年後の1869年（明治2年）に、東京にも外国人居留地ができたためである。江戸時代には武家屋敷が立ち並んでいた、築地鉄砲洲《つきじてっぽうず》（現中央区《ちゅうおう》明石町《あかしちょう》、湊《みなと》）に外国人が住みはじめた。

国によるイチゴの栽培試験は、1871年に始まった。農事試験用地としてはじめて開設された巣鴨《すがも》の種芸園の報告に「草いちご」の文字が残るらしい。翌年には青山南町《あおやまみなみちょう》にあった第一官園にも植えられた。第一官園の土地はいまは青山学院大学のキャンパスとなっている。

1873年の『開拓使西洋種苗目録』には「苺《いちご》ストロベーレ」が掲載され、勧業寮内藤新宿試験場（現新宿御苑《しんじゅくぎょえん》）では、アメリカから導入したイチゴが1875年に初結実したと記録が残る。

1876年からは国から各府県にイチゴ苗が配布された。ところが、試作後にイチゴ栽培に取り組もうとした府県はひとつもなかった。

東京でも1888年頃までイチゴはほとんど栽培されていなかったのだが、1891年頃には一般の青果店でも見かけるようになったという。

正岡子規がイチゴを特別に愛したわけ

正岡子規が異常なほどの果物好きであったことはよく知られている。「大きな梨ならば六つか七つ、樽柿ならば七つか八つ、蜜柑ならば十五か二十位食うのが常習であった」、と自らも記している。これらの３つの果実が大のお気に入りだったといえる。

ところが植物として見れば、どうも子規はイチゴに対して特別な感情を抱いていたようだ。１８９５年（明治28年）、終戦間際となっていた日清《にっしん》戦争で、子規は従軍記者として大連《だいれん》付近を取材した。だが約１ヵ月後、帰国途上の船上で喀血《かっけつ》し、５月23日に神戸港から瀕死《ひんし》の状態で神戸病院に運ばれた。当時の神戸病院は、本願寺《ほんがんじ》神戸別院（モダン寺）のすぐ近くにあった。

子規はここに丸２ヵ月間入院したのだが、このとき子規の命を救った食べ物がイチゴだった。『病床日誌』には、５月30日に子規がイチゴを食べたがり、「頗《すこぶ》る気に入れり曰これほと味きものなし」と記され、この日は夏橙も喜んで食べたとある。

６月３日には次の２句を詠んでいる。

露あかしいちこ畑の山かづら

もりあげてやまいうれしきいちご哉

商店で買うイチゴは傷んでいるために、この日からは朝摘み取ってきたイチゴに変えたと子規に伝えたところ、この句が生まれた。

神戸でのイチゴ栽培も横浜と同じく外国人居留者から始まった。神戸居留地を離れ山の手に住むようになっていた外国人向けに、イチゴが生産されるようになっていたのだ。

弟子の高浜虚子《たかはまきょし》と河東碧梧桐《かわひがしへきごとう》にとっては、毎朝交代で諏訪山《すわやま》にイチゴを摘《つ》みにいくのが、欠かせない日課となった。ところが、6月12日からはイチゴをやめている。イチゴの食べ過ぎで胃をやられたと、子規の申し出があったためだ。これ以降は、ビワが多く登場している。

子規が食べた品種は、当時神戸で栽培されていた記録が残る、フランスで育成された露地栽培用の「ドクトルモーレル」だったかもしれない。

このときのイチゴのことがいつまでも忘れられないので、子規は東京の自宅に戻った後に、庭の垣根に自分でイチゴを植えて楽しんだ、と『くだもの』に記している。子規はこのイチゴについて翌1896年に、次の2句を詠んだ。

蒲団《ふとん》干す下にいちごの花白し
いちご熟す去年の此頃病みたりし

鶯谷《うぐいすだに》駅北口から徒歩5分弱のところに、子規が亡くなるまで住んでいた子規庵《しきあん》がある。建物自体は1950年（昭和25年）に再建されたものだが、庭も含めて子規の世界に没入できる空間だ。「ごてごてと草花植ゑし小庭かな」の句のとおり、ところ狭しと植えられている庭木や草花たちは皆、どこかやさしげな表情に映る。

ただ、庭のどこを探してもイチゴの株は見当たらなかった。

施設園芸の先導者となった福羽逸人

施設園芸とは、ガラス温室やビニールハウスで農作物を栽培する方法だ。露地では育てにくい作物を栽培できたり、本来の時期よりも早く収穫できたりするようになったのは、明治以降に施設園芸が発達したおかげである。

果物では、イチゴとメロンがこの恩恵をもっとも受けた。

このイチゴとメロン、両方の普及に大きく貢献した人物が前章でも登場した福羽逸人である。それだけではない。福羽逸人は日本の園芸史を語るうえで欠かせないレジェンドなのだ。

そもそも「促成栽培法（促成栽培）」という専門用語を作ったのも、福羽だ。屋根を油紙障子からガラス障子に変えた、画期的な温床育苗枠を開発し、各地で促成栽培を可能にしたのも彼である。

果樹を取り上げてみても、福羽以前には、着果を促進し果実品質を高めるために不要な枝を切り取る「整枝」という考え方すら存在しなかった。

福羽は1856年（安政3年）に石見国《いわみ》（現島根県西部）津和野《つわの》で生まれた。1872年（明治5年）、16歳で国学者の福羽美静《よししず》の養子となって上京。1875年から津田仙が創設した東京学農社で学んだ後、1877年に内務省勧農局内藤新宿試験場の実習生になった。

新宿御苑初代温室　明治40年代撮影（新宿御苑管理事務所蔵）

園芸の力で日本を発展させたい逸人に対し、時代の風は冷たかった。内藤新宿試験場は1879年に廃止され、宮内省に移管されてしまう。福羽は国のためではなく、皇室のための施設となってしまった園芸場新宿植物御苑で職に就くことになったのだ。宮内省新宿植物御苑のミッションは、宮中晩餐会《ばんさんかい》などの皇室行事で用いられる果物や野菜の生産、洋蘭《ようらん》はじめ会場を彩る花や装飾用の植物の供給であった。

廃止となったのは内藤新宿試験場だけではない。1882年の開拓使廃止により東京青山の官園もなくなり、1884年には三田育種場が大日本農会に移管されるなど、ことごとく政府の施設が廃止された。くわえて、各府県の勧業試験場も海外の珍しい作物を紹介するだけで、農民が儲かる作物や品種、新技術を提供できずに反感を買う始末。力のある農家は農家で、自ら直接海外から種苗を購入しはじめた。

1890年に東京に農務局の仮試験場が設置された際にも、園芸は無視されている。国として再び園芸に取り組みはじめたのは、1902年6月。静岡県庵原《いはら》郡興津町《おきつまち》（現静岡市清水区興津）に農事試験場の園芸部を設置し、果樹と野菜の研究に着手してからなのだ。

この二十数年間、公務員の立場で西洋の農作物について技術開発を行ったのは、新宿植物御苑にいた福羽逸人ただひとりだったのである。

事業失敗とヨーロッパ留学を経て「福羽」を育成

宮内省の職員となって早々に、福羽は大きなプロジェクトを任された。

1879年（明治12年）に創設された三田育種場神戸試園（後の神戸阿利襪園）の運営を担い、オリーブ、ゴムノキ、オレンジ、レモン、ユーカリを試作している。オリーブについては、1882年に日本初のオリーブオイルと塩漬オリーブの製造に成功。その品質を、司法省のお雇い外国人であったフランス人ギュスターヴ・ボアソナードは激賞している。「日本近代法の父」と呼ばれるあのボアソナードだ。神戸阿利襪園跡地には、神戸北野《きたの》ホテルが建っている。

三田育種場神戸試園の翌年に創設された播州葡萄園では、福羽はワイン醸造の責任者になっている。1885年の台風被害により、大失敗に終わった播州葡萄園に対しての思いを断ち切るかのように、1886年から1889年にかけて福羽は、フランスとドイツに留学しワイン造りや造園学を学んだ。

帰国した福羽は、再び新宿御苑で日本の園芸技術の発展に精力を傾けたのだった。

1893年に出版された『蔬菜《そさい》栽培法』のなかで、イチゴについては「ジェネラル・シャンジー」「ドクトルモーレル」を含めて6品種が有望だと述べているが、これはヨーロッパで得た知識によるものだと考えられる。

12品種の食べ比べセット　福羽いちごは左下（著者撮影）

フランスで育成された「ジェネラル・シャンジー」を取り寄せたのは、日本で福羽だけであった。苗を3、4回取り寄せたが、日本に着いたときには枯れていたため、種子で導入している。

後に福羽の名が与えられたイチゴの新品種が発表されたのは1908年。播種は1898年で、1900年には選抜は完了していたとされる。「ジェネラル・シャンジー」から選抜して育成されたこの品種は、「福羽」と呼ばれるようになるまでは「御苑イチゴ」や「御料イチゴ」などと呼ばれていた。

「福羽」は、いま見れば細長くいびつで不格好に思える。味もおいしいとは感じない。だが当時は、大きく甘く香りよく断面まで真っ赤な極上品であった。新宿御苑で生産された「福羽」は皇室に献上され、西洋からの賓客に世界一おいしいイチゴと賞賛されもした。

「福羽」が新宿御苑の外に出たのは、1905年。日本園芸会初代会長の花房義質《はなぶさよしもと》子爵に苗を譲ったのが最初である。1906年には、岩崎小弥太《いわさきこやた》男爵、松方正義《まつかたまさよし》侯爵、大隈重信《おおくましげのぶ》侯爵の各自家農園にも譲渡されている。

民間人初は1907年で、東京の菜花園の土倉《どくら》龍《りゅう》次郎《じろう》が花房子爵から苗を譲り受けて「福羽」の営利栽培を始めた。

「福羽」の最盛期は1960年（昭和35年）頃。栽培面積の約70％を占めた後、「ダナー(Donner)」や「宝交《ほうこう》早生」に切り替わっていった。だが、低温下でも開花しやすい性質を持つ「福羽」はその後の多くの品種の親となり、その血は現代品種たちに脈々と受け継がれている。

石垣いちごが発明されたのは静岡県

駿河湾《するがわん》沿いを走る国道150号は、静岡市駿河《するが》区から清水区にかけては「いちご海岸通り」と名づけられている。道の視界の半分は太平洋だ。平地がわずかかな幅しかないこの細長いエリアには、間口の狭いビニールハウスが立ち並んでいる。そして、徳川家康を最初に祀った東《とう》照宮《しょうぐう》が建つ久能山《くのうざん》が嫌でも目に入る。この久能山をスカートに見立てれば、裾はまるで白いレースフリルのよう。フリルの正体は、イチゴ栽培用のビニールハウスの連なりである。

久能山の石垣いちご（絵はがき）

静岡県内唯一の国宝建築物である本殿を参拝するには、海抜216mの山頂に向けて表参道から1159段の石段を登らなければならない。途中で山の中腹に目を移すと、かつてイチゴを栽培していた畑の跡がかなりの急斜面にまで刻まれていることに気づく。昭和30年代の全盛期、久能《くのう》いちごのレースフリルは膝上まであった証拠だ。

こここそ、玉石を積み上げた石垣でイチゴを栽培し、加温設備のない時代に石の蓄熱と輻射熱《ふくしゃねつ》を利用して収穫時期を早めることに成功した地域。石垣いちご発祥の地なのである。

ビニールハウスの覆いがない時期、山肌を覆うように積み上げられた石垣とコンクリート板は、まるでエジプトのピラミッドのようだと、かつては旅行者の誰もが驚く景観を誇った。

さて、久能村でのイチゴ栽培の起源は、１８９６年（明治29年）に久能山東照宮の宮司であった松平健雄《まつだいらたけお》が東京でもらった苗を育てはじめたのがはじまりだ。松平健雄は、最後の会津藩主で日光東照宮宮司を務めた松平容保《かたもり》の次男である。

当時、華族のなかでは海外の珍しい植物を育てることが流行していた。山の麓で栽培を担当したのはお付の川島常吉《かわしまつねきち》、品種は「エキセルショア」であった。

素焼き鉢に植えられて大切に育てられていたこのイチゴは、１９００年に松平健雄が会津の伊佐須美《いさすみ》神社に移った際に、川島常吉に譲られた。

なぜか久能山東照宮の境内にある常吉いちご園

土産物屋が並ぶ門前を抜け鳥居をくぐれば、久能山東照宮の境内だ。境内に入ったというのに、なぜか参道の左側にイチゴ園がある。ここが石垣いちごを発明した常吉《つねきち》いちご園だ。そう、松平健雄からイチゴを託された川島常吉が始めたイチゴ園である。また、久能山東照宮の鳥居の内側にある唯一の民家でもある。

いまは4代目の川島常雄が経営している。農場内にはわざわざ玉石を積み上げた石垣を一部残し、イチゴ摘みの観光客に、石垣いちごの歴史をおだやかに語りかけるのが川島の日課だ。

「久能いちごは、常吉が松平健雄さんからもらった鉢植えの1株から始まりました。増えた苗を大切に農場に植えたところ、たまたま石垣の近くに植わっていた株の育ちがよかった。石を触ってみると温かい。花も早く咲き実も早く赤くなった。翌年は健雄さんの苗を５００株ほどまで増やし、常吉は石垣の間にもイチゴを植えてみたのでしょう。こうして石垣での促成栽培は明治34年から始まりました」

石の蓄熱と輻射熱の両方を利用して、イチゴを育てる。言われればなるほどと思う。さらに、常吉の発明のすごさはこれで終わらなかったところだ。１９０３年（明治36年）には、イチゴ栽培のためにわざわざ石垣を組みあげ、石と石の間に苗を植える方法を編み出したのである。

「石組みは、石で土の中まであたたまるように、石から伝って水がうまく中にしみこむように、石の形や大きさ角度をよく考えて積み上げていきます。あまり大きな石を使ってしまうと、植えられる苗の数が減ってしまいますし、経験とコツが問われます」

海岸の玉石を運んでは石垣を組む、の繰り返し。うまくいく自信がなければとても続けられない作業だ。せっかく作った石垣も、土壌改良のために毎年作り直す必要がある。

明治維新によって、徳川家康を祀る久能山東照宮の位置づけは大きく変わった。福島屋という旅館を経営していた川島常吉は廃業に追い込まれ、宮司のお付となり、宮司を乗せた人力車も引いた。

最後に川島はぽつりとこうつぶやいた。

「小柄な常吉にとって、人力車を引くのは大変な仕事だったと思います。ただ、健雄さんと常吉は宮司と使用人以上の関係でした。残念ながら石垣いちごについて最初に記した人が常吉のことを車夫と書いたために、その後ずっと車夫ということになってしまって。実際には、親しいお付の者としての関係だったと思います」

石垣で育てたおかげで「エキセルショア」は12月末に出荷できるようになった。常吉が生産したイチゴが静岡市場にはじめて出荷されたのは、1907年頃だったそうだ。

常吉は石垣いちごの育て方を近所の者に教え、その栽培方法は久能村全体に広まっていった。

この頃の久能村は、製塩と塩の小売りを主としながら漁業も営む貧しい漁村であった。ところが1905年に国による塩の専売制が実施され、3年後に廃業を余儀なくされた。イチゴへの転作が一気に進んだ背景には、国家権力に翻弄された庶民の土地と生への執着心があった。

その後の石垣いちごと「福羽」

その後の石垣いちごについては、まずは栽培面での大きな技術革新があった。玉石を積み上げるのではなく、V字切れ込みが入ったコンクリート板を並べて使うようになったのである。1925年（大正14年）に新谷啓太郎《あらやけいたろう》と萩原清作《はぎわらせいさく》が考案したこの新技術により、60～70度の角度で毎年玉石を積み直す手間が省けるようになり、一気にイチゴの栽培面積が増えた。

銀座千疋屋の斎藤義政が、販売目的で久能山増村《ぞうむら》の直営農場で「福羽」を試作させたのは、この翌年の1924年。福羽逸人の息子で新宿御苑に勤めていた福羽発三《のぶぞう》に頼み、「福羽」の苗を6株もらってからである。だが、栽培に苦労し出荷できるまでには6年を要した。久能村産の「福羽」の初出荷は１９３０年（昭和５年）である。

この成功が契機となり、久能山麓では海外育成品種の「エキセルショア」と「ビクトリア」から、「福羽」への切り替えが急速に進んだ。と同時に、促成栽培により静岡県がイチゴ産地として台頭するのである。１９３９年には「ビクトリア」を抜き、「福羽」が最も多く植え付けられた。

クリスマス出荷に向けての技術開発

静岡産イチゴがクリスマスシーズンよりもさらに早く出荷できるようになったのは、ちょうど同じ頃に開発された２つの技術が組み合わされて実現した。

ひとつは「山上げ」栽培である。山上げとは、高冷地で育苗し一定期間寒さに当てて冬が来たと感じさせた後に、平地で加温し春が来たと勘違いさせて開花と出荷時期を早める作型のことをいう。静岡県農業試験場の二宮敬治《にのみやけいじ》らが１９５３年（昭和28年）頃から実用化した。標高８００〜１０００ｍの富士山２合目や朝霧《あさぎり》高原で育苗することで、従来よりもさらに１ヵ月早く出荷できるようになった。

もうひとつが、トンネル栽培やビニールハウスの覆いに使われる農業用ビニールだ。日本化成工業が農業用ビニールを発売したのは１９５１年。これにより多くの農作物が促成栽培できるようになった。静岡のイチゴは、１９６０年頃からビニールハウスで栽培されている。

イチゴの山上げ栽培は、静岡県からまず神奈川県に広がり、各地で行われるようになった。栽培品種については、1958年に静岡県藤枝市の堀田雅三が育成した「堀田《ほった》ワンダー」により、「福羽」から「堀田ワンダー」に完全に切り替わった。「堀田ワンダー」は「福羽」に「四季成」を交配して生まれた、日本初の民間育成品種である。

露地栽培から、防寒用のシートをかけたトンネル栽培やビニールハウス栽培による促成栽培が普及するにつれて、想定外の大問題が起きた。露地栽培時には見られなかった、受粉不良による奇形果が大量に発生するようになったのである。

この解決策を最初に見出したのは徳島県農業試験場であった。1968年頃に、ミツバチをビニールハウス内に放すことで奇形果の発生を抑える技術を開発した。

2022年(令和4年)の施設園芸でのミツバチ利用は、イチゴが45%で一番多い。イチゴの次が32%のメロンとなっている。

イチゴとメロンを食べるときには、ミツバチにも感謝したいものだ。

2　苛烈極まる産地間競争

いちご狩りは甲子園球場の隣ではじまった

幼き日のいちご狩りの記憶、あるいはいちご狩りに連れていったわが子の表情、を鮮明に思い出せる人も多いのではないだろうか。

いまでこそ全国各地に観光いちご狩り園があるが、そのはじまりは兵庫県西宮市《にしのみや》からであった。阪神甲子園《はんしんこうしえん》球場から鳴尾川《なるおがわ》と大阪湾にかけての一帯がそうだ。そこはかつて村をあげてイチゴ栽培に取り組み、海辺まで一面がイチゴ畑だったのである。「鳴尾苺《なるおいちご》」といえば、知らぬ者はいないほどのブランドであった。

鳴尾苺のいちご狩り（写真・阪神電気鉄道）

武庫《むこ》郡鳴尾村《なるおむら》（現西宮市）にイチゴが植えられたのは１８９９年（明治32年）頃。鎌倉作蔵が大阪の玉《たま》造《つくり》から持ち帰った苗がはじまりだと伝えられている。

鳴尾村でのイチゴ栽培は１９０２年頃から広まり、１９０７年頃から急増している。露地栽培であるため、収穫時期は4月下旬から6月上旬にかけてであった。

鳴尾のイチゴが発展したのには、栽培環境に恵まれたことのほかにも理由があった。

１９０５年の阪神電気鉄道開業による沿線開発である。この年には鳴尾百花園《なるおひゃっかえん》（後の武庫川遊園《むこがわゆうえん》）も開園した。続いては、１９０８年の関西《かんさい》競馬場（後の鳴尾競馬場）の開場だ。1924年（大正13年）には阪神甲子園球場が完成した。

このように大阪・神戸といった大都市に近い観光地として開発されたことが、イチゴと相乗効果をもたらした。いちご狩りが一大ブームとなり、鳴尾苺は阪神地方の新名所となった。

鳴尾での品種の変遷は「徳利」から始まる。その後、「大正」「ハイカラ」「アメリカ」「ダービー」といった新品種がこの地で発見され、世相を表す名前のインパクトとともに普及した。このうち「大正」と「アメリカ」が鳴尾苺の2大品種となった。

鳴尾村のイチゴ農家は、最盛期の1928年（昭和3年）頃には四百数十戸にまで達した。1934年の室戸《むろと》台風による塩害でいったん壊滅状態になったものの、太平洋戦争前までは西宮市周辺は栽培面積で日本一の産地であった。

太平洋戦争後、鳴尾は工業用地となり、宅地化も進んでイチゴ畑は消滅した。現在、東鳴《ひがしなる》尾町《おちょう》にある有機野菜の生産直売をしている中島農園だけが、鳴尾苺の栽培を続けている。

農林水産省が統計を取っているイチゴ産地は、25道県である。このなかで兵庫県の生産量は24位。当然、全国的には兵庫県にイチゴ産地のイメージはない。ところが1936年の農林省調査によれば、1934年度のイチゴ栽培面積は、兵庫県が1位、次いで北海道であった。この時点では、兵庫県は静岡県の6倍の広さの栽培面積を誇っていたのである。

兵庫県でいま一番の産地は、六甲《ろっこう》山系の北側、神戸市北区《きた》である。鳴尾村から導入した苗で1921年から栽培が始まった有野町《ありのちょう》二郎《にろう》の「二郎《にろう》いちご」は、県内では知らない人はいない。県道15号線沿いには観光イチゴ園がずらっと並ぶ。品種は「章姫《あきひめ》」が主なのが特徴だ。

宝塚生まれの大ベストセラー品種「宝交早生」

日本で育成された全国的なベストセラー品種といえば、年代順に「福羽」「宝交早生」「女《にょ》峰《ほう》」「とよのか」「とちおとめ」の５つに絞られる。

海外品種を加えると「福羽」と「宝交早生」の間に、「ダナー」が入る。カリフォルニア大学が１９４５年に発表した「ダナー」は、１９４９年（昭和24年）頃に導入され、なぜか日本でのみ普及した品種だ。同じく日本でのみ普及したリンゴの「国光《こっこう》」は、アメリカでも多少は栽培されたが、「ダナー」はまったく作られていない。

「宝交早生」は、いまとなっては知名度で他の品種より劣るような気がするものの、「宝交早生」こそが国内最大のヒット品種なのである。

「宝交早生」が発表されたのは１９６０年、育成したのは兵庫県農業試験場宝塚《たからづか》分場（現兵庫県立農林水産技術総合センター）だ。「幸玉《こうぎょく》（八雲）」に「タホー」を交配した組み合わせから得られた。

「幸玉」は「福羽」の次に登場した日本生まれの品種で、戦後にかけて全国で栽培された。育成者は植物学者の玉利《たまり》幸次郎である。「幸玉」は、アメリカで育成された露地栽培用「フェアファックス」から得た種のなかから選抜され、１９４０年に育成された。ただ「幸玉」と命名されたのは1951年と遅く、これ以前に「八雲」や「砂糖」の別称がついていた。甘いうえに特に耐寒性に優れていた「幸玉」は、関東で「ダナー」が主力品種となった1950年代以降も、北海道や東北では主力品種であり続けた。

「宝交早生」は、収量が多いうえに味がよく、さらに耐病性も優れる、と文字通り三拍子揃っていたために、昭和50年代には全国生産量の約6割を占めた。

宝塚周辺では1921年（大正10年）頃からイチゴの生産が始まり、宝塚分場は1927年に野菜と果樹の栽培試験を目的として設置された。設立時は園芸試作場の名称であったが、1950年に農業試験場宝塚分場に改称されている。

兵庫県内で「宝交早生」をいち早く導入した地域は淡路島で、その後は県内にとどまらず全国に広まっていった。

「宝交早生」は、生食用にも加工用にも対応できる万能品種であり、まずは露地栽培の「アメリカ」にとって代わった。続いて年内出荷できる促成品種の「福羽」「堀田ワンダー」まで駆逐していく。これは電照技術の発達のおかげで、半促成品種の「宝交早生」でも年内出荷が可能となったためであった。さらに「宝交早生」はうどんこ病に対する抵抗性を持っていたことから、全国のイチゴ産地にとって文字通り宝のような品種となった。

宝交とは、宝塚分場が交配して育成した、という意味だ。「宝交早生」には、生産者にも消費者にも根強いファンがついていて、いまでも一部で生産され続けている。

もし子規庵の庭にイチゴを植えるとしたら、神戸生まれで丈夫な「宝交早生」を私は推す。「宝交早生」が登場した1960年は、あるカトラリーが発明された年でもある。当時のイチゴはまだ酸味が強く、牛乳のなかで潰して砂糖をかけて食べるのがふつうだった。このときの不便を解消するイチゴ専用のスプーンが、新潟県燕《つばめ》市の小林《こばやし》工業によって発売されたのだ。

イチゴスプーンとは、スプーンの丸い底を逆にへこましてイチゴの種（痩果《そうか》）のようなつぶつぶのくぼみをつけ、イチゴをすべらさず逃がさずに潰せる画期的な商品。かつては各家庭に必ず人数分があるほど普及していた。

が、いまの若者はイチゴスプーンの存在すら知らない。イチゴが甘く改良されたことで、この先ひとつの大発明が私たちの記憶から消し去られてしまうのかもしれない。

1960年に登場したイチゴスプーン（写真・ラッキーウッド製造元、小林工業株式会社）

「宝交早生」を日本一にしたのは奈良県

奈良県でのイチゴ生産は、1962年（昭和37年）に県内の生産者が「宝交早生」を導入したことから始まる。奈良県農業試験場（現農業研究開発センター）では、翌1963年からイチゴの研究を開始している。

関西では大阪・神戸がイチゴの主産地だったが、工業化と都市化によって奈良県に産地が移っていった。そして1972年には869haまで広がり、奈良県は全国3位のイチゴ産地に躍り出るのである。背景には、奈良県農業試験場による「宝交早生」の年内出荷を可能にした新技術開発があった。

その新技術とは、電照栽培による促成栽培法の確立である。日射量が少ない時期に電照することで光合成量を増やし、収穫時期を早め収量増を実現した。奈良県では「年内に株当たりイチゴを3個収穫して、ハワイに行こう!」を掛け声に、イチゴ御殿がいくつも建ったという。

「宝交早生」にも弱点はあった。それは日持ちの悪さである。果実が柔らかかったために長距離大量輸送に向かず、出荷先は京阪神地域に限られた。そのため、徐々に日持ちがよく長距離輸送に耐えられる「女峰」に切り替わっていった。

その後、県農業試験場はオリジナル品種の開発に乗り出す。1992年(平成4年)に「アスカウェイブ」に「女峰」を交配し、2000年に「アスカルビー」を育成した。「アスカルビー」は、やや橙味を帯びた果実の色と「女峰」よりも大きく甘いのが特徴である。

さらに県農業総合センターは、2011年に香りが強く濃厚な味わいの「古都華《ことか》」を育成した。「古都華」の父親は「紅《べに》ほっぺ」だ。ただ、明日香村《あすかむら》では品種名に愛着のある「アスカルビー」を生産し続けたいため、「古都華」への全面切り替えは進んでいない。

栃木のイチゴは足利発祥、仁井田一郎が叶えた夢

栃木県は1968年（昭和43年）から55年連続してイチゴの生産量日本一。50年連続となった2018年（平成30年）1月15日には、県知事が「いちご王国・栃木の日」の宣言を行った。

ただし産出額については、1989年からの6年間は、トップの座を福岡県に明け渡している。こちらは1995年に奪い返して以来28年連続だ。また、市町村別の全国1位である栃木県真岡市《もおか》（旧二宮町《にのみやまち》）は、2023年（令和5年）に「いちご王国栃木の首都」を宣言した。

そもそも栃木県は冬が寒く、イチゴの栽培適地ではなかった。イチゴの産地は神奈川県が北限だといわれていた時代に、栃木県を日本一のイチゴ産地にする夢を抱いた人物がいたからこそ、いちご王国になれたのだ。

その男の名は仁井田一郎《にいだいちろう》。彼の志と行動力のおかげで、栃木県のイチゴの今がある。

1912年（明治45年）に足利郡御厨町《あしかがみくりやまち》（現足利市）で肥料商の長男として生まれた仁井田一郎は、中学生のときに農業に魅せられる。中学を中退して専業農家になったほどの入れ込みようだった。仁井田は狭い農地でも利益をあげる方法を追求し、野菜の生産販売で地道に実績を積み上げた。

太平洋戦争の出征によりいったん途切れたものの、その成果が認められ、仁井田は1947年に35歳で、御厨町の第1回町議会議員に選出されるのだ。そして農業対策委員として、議会

でイチゴの導入を提案し、可決される。

1950年に、有志13名で静岡県焼津市近郊のイチゴ産地を視察した。8本の苗を持ち帰ったが、枯らしてしまう。これがよほど悔しかったからなのだろうか。翌年には議員を辞職して、御厨町農協参事に就任し、本格的にイチゴの産地化に取り組みはじめている。

この年に「福羽」を導入。続いて1953年には「幸玉（八雲）」を導入し、夏の生産量は順調に増えていった。

だが仁井田の目標は、あくまでも栃木県内での促成栽培の実現であった。1955年にはイチゴ栽培に打ち込むために農協を辞めている。仁井田は周囲から「苺きちがい」と呼ばれたほどだった。この年には、促成栽培について学ぶために自転車で神奈川県の寒川《さむかわ》まで訪れている。そしてついに、石垣栽培であれば無加温でも1月から収穫できることを証明してみせたのだ。

足利でできるなら栃木県内どこでもイチゴは生産できる。仁井田の夢は、栃木産イチゴの生産量日本一に膨らみ、自らの栽培技術を惜しみなく伝え歩いた。

1958年には田沼町《たぬままち》（現佐野《さの》市）愛村《あいそん》農協の柿沼兵次《かきぬまへいじ》と協力して、7月下旬から標高1400mの奥日光戦場《おくにっこうせんじょう》ヶ《が》原《はら》で高冷地育苗を試し、効率的に12月から出荷できることを証明したのだ。いち早く静岡の取り組みを視察していた柿沼は、前年に戦場ヶ原への山上げ栽培で、正月出荷を成功させていた。仁井田は「ダナー」で、柿沼は「福羽」で栽培試験を行った。そして翌年には「日光イチゴ」という県統一ブランドでの販売を実現したのである。

振り返ってみれば、日本でのイチゴ人気は1955年からの高度経済成長と連動している。この頃すでに仁井田には、いちご王国栃木の姿がはっきり見えていたのだろう。

1964年10月10日、アジア初開催となる東京オリンピックの開会式が行われた。この日に向けて、9月17日には東京モノレール開通、10月1日には東海道新幹線が東京〜新大阪《しんおおさか》間を結んだ。同日、羽田《はねだ》空港とオリンピック会場も首都高速でつながっている。オリンピック景気に沸く中で、選手たちが競い合う以前に、この日に向けてイチゴでも競争が繰り広げられていた。

オリンピック期間中の選手村の食卓にイチゴを届けようと、長期株冷蔵による早期出荷を栃木県と愛知県とが競ったのである。結果は、10月5日に神田市場に出荷できた栃木県が勝利し、日本代表イチゴとしてオリンピック選手たちの目と舌を喜ばせた。栃木イチゴの日本一への道は、この日から始まったといえよう。

他の果物では、特にナシの「二十世紀」が海外選手に好評だったと記録されている。

1975年に急逝した仁井田の戒名は、美苺院一山宗寧居士とつけられた。1987年、足利市にある仁井田家の庭には、御厨苺組合の名とともに「栃木県苺発祥之碑」が建立された。

「女峰」が栃木県を日本一にした

仁井田一郎ひとりに任せきりにしていたわけではない。もちろん栃木県もイチゴの産地化に取り組み、1957年（昭和32年）頃には県をあげて東京市場への出荷を目標に掲げた。

栃木県農業試験場では、1958年から品種比較試験を行い、60品種のなかから「ダナー」がもっとも優れていると報告している。栽培技術の開発と普及にも取り組んだことで栽培面積は急拡大していたが、その大部分は半促成栽培であり、この頃になってもまだ県全体での出荷最盛期は4月下旬〜5月上旬であった。

仁井田一郎がいち早く指導した田沼地区は促成栽培の産地として名をあげていたものの、県内全域でこれを実現するには、栃木の栽培環境に適した年内出荷可能な品種が必要であった。

県農業試験場佐野分場では1969年にイチゴの新品種育成試験を開始している。「はるのか」に「ダナー」の交配からスタートしたが、この組み合わせからでは「宝交早生」を超えられず、より優れた品種にするのに時間を要した。得られた育成系統に千葉県が育成した「麗《れい》紅《こう》」を交配することで、1983年に目標どおりの品種を獲得。翌年「女峰」と命名された。

「女峰」は1984年から栽培が始まり、それ以前は「麗紅」と「ダナー」が9割弱を占めていたところを、1988年には95%を超えた。「女峰」の登場により、栃木県では安定的に12月上旬からの出荷が可能となり、クリスマスケーキ用としての需要が急拡大した。

「女峰」の果実は他の品種と比べると小さめであった。しかし糖度の高さと日持ちのよさや収量の多さが認められて、最盛期には栃木県内の99%、全国の50%を「女峰」が占めるほどの品種に育った。

こうして「女峰」のおかげで、栃木県は静岡県を抜き、生産量1位に加えて産出額1位というタイトルを手に入れることに成功したのである。

イチゴは、ランナーと呼ばれる蔓の先にできる新たな株を増やしていく栄養繁殖性の作物である。気づかぬうちに親株がウィルス病に感染し、罹病苗《りびょうなえ》を増殖してしまう危険性を伴う。産地によってはウィルス病の蔓延《まんえん》に悩まされていた。このリスクを回避するために、栃木県は全国に先駆けて1971年からウィルスフリー苗の配布事業を開始してもいる。

ブドウ狩りにヒントを得た静岡の観光イチゴ園

「女峰」を手にした栃木に、静岡イチゴは関東市場を奪われ続けた。かといって栃木県への対抗策はない。苦肉の策が観光イチゴ園への転換であった。このアイデアは、1964年（昭和39年）に久能海岸増《ぞう》地区の出荷組合が、山梨県勝沼のブドウ狩り園を視察した際に浮かんだのだという。

しかし石垣いちごとしては、勝沼の観光ブドウ園のような、個々の農園同士が客を奪い合う状況は避けたかった。

そのため増地区では翌年いちご狩り組合をつくり、共同で観光農園を運営することにしたのだ。この動きは他の地区にも広がり、久能山麓全体が観光イチゴ園を事業の柱として方向転換を図りはじめた。石垣いちごが「堀田ワンダー」に100％切り替わったのも、この頃だ。

久能では遅れていた品種開発も、萩原章弘《はぎはらあきひろ》によって優れた品種が生み出される。1983年に品種登録された「久能早生」がそれだ。さらに萩原は、「久能早生」に「女峰」を交配し、1992年（平成4年）に品種登録された「章姫」も育成している。「章姫」は「堀田ワンダー」の次に、石垣いちごの大部分を占める品種となった。「章姫」は久能山麓に限らず、小ぶりでやや酸味が強い「女峰」と、栽培に手間がかかりすぎる「とよのか」の欠点を補う品種として、東海から関西で広く栽培された。

また2002年には、静岡県農業試験場が「章姫」に「さちのか」を交配して育成した「紅ほっぺ」が登場。だが年内収穫量の少なさが指摘され、初期には県内評価も高くはなかった。「あまおう」を参考にして県が「紅ほっぺ」の品種名を強く打ち出したことで、ようやく「章姫」からの切り替えが進んだ。大粒で味が濃く切断面まで赤い「紅ほっぺ」は、東京中央卸売市場で「あまおう」に次ぐ高価格を維持し続け、県外でも多数生産される品種に育った。品種育成という観点では、静岡県は栃木県と福岡県に一矢報いたともいえよう。

現在に至るまで、静岡県における主力品種の推移は、福羽→ダナー→堀田ワンダー→宝交早生→女峰→章姫→紅ほっぺ→きらぴ香《か》と変わってきている。

打倒「女峰」、福岡県生まれの「とよのか」の戦略

福岡県の農業産出額ランキングで、イチゴは米に次いで2位。県をあげてイチゴのプロモーションに取り組む理由がここにある。福岡県が「とよのか」を生産しはじめた1985年（昭和60年）以降の栃木県とのライバル関係は、まるで民間企業同士の競争のような激しさだ。

福岡県にイチゴ産地ができたのは昭和初期だが、イチゴ栽培が急激に増えたのは1960年代に入ってからである。

福岡県で12月から4月まで収穫を続ける作型をつくった品種が、県内にある農林省園芸試験場久留米支場（現農研機構九州沖縄農業研究センター筑後《ちくご》・久留米拠点）が育成した「はるのか」だ。「はるのか」は1961年に「久留米103号」に「ダナー」を交配し、1967年に発表された。生育が極めて旺盛で果実が大きく、九州全域での栽培に向く品種であった。このため、福岡県では「ダナー」と「宝交早生」から「はるのか」に切り替わった。「はるのか」は果実が傷みにくく輸送性にも優れており、福岡県産イチゴを東京にまで出荷できるようにした点で、大きく貢献したといえる。

ただし生食用は「女峰」が圧倒的な人気を集めており、「はるのか」はケーキなどの業務用には広がったものの、他県の一般消費者に福岡産イチゴが知られるまでには至らなかった。

「とよのか」は、「はるのか」と同じく久留米支場が育成した福岡県生まれの品種だ。1973年に「ひみこ」に「はるのか」を交配して育成され、1984年に品種登録されている。「とよのか」は「はるのか」よりも大粒で、誰にでもわかる味のよさを持ち、くわえて香りもすばらしかった。

一方で「とよのか」はうどんこ病に弱いうえに、果実が葉の下に隠れやすく、よく色づくようにするには玉出しという ひと手間を加える必要があった。要するに大きな欠点を抱えた品種でもあったのである。ところがこの「とよのか」が、「女峰」一強時代を終わらせてしまう。

県内では1984年から「とよのか」の生産が始まり、1988年には県内シェアが95%を超えた。西の「とよのか」、東の「女峰」の二強時代の到来である。「とよのか」のブランド化は、福岡県園芸農業協同組合連合会が主導。そして1989年（平成元年）には、ついに福岡県が栃木県を抜いて、イチゴの産出額で全国1位に躍り出たのだった。生産量では栃木県のほうがずっと多かったにもかかわらずである。同じ1位でも、産出額のほうが生産量よりも価値がある。こうして「とよのか」に賭けた福岡県は、イチゴで王座を獲得したのだった。

女性アイドル歌手の松田聖子《まつだせいこ》と中森明菜《なかもりあきな》、ビデオの「VHS」と「ベータマックス」が競い合っていた、ちょうど同じ時期の出来事だ。

「とちおとめ」でリベンジ、栃木県の逆襲

イチゴ産出額1位の座を福岡県に奪われた栃木県の衝撃は大きかった。各県にとって、全国1位と誇れる特産品ほどありがたいものはない。産出額トップのブランドを失ったことに加え、「女峰」よりも「とよのか」のほうが高級品だという評価が定まったことが問題視された。「とよのか」と比べると「女峰」は実が小さく、やや酸味が強かった。そのため東京市場で、

「とよのか」よりも安値が定着してしまう。結果、1990年代前半には県内イチゴ生産者の意欲が低下しかける事態となった。

この状況を打開するには、「とよのか」よりも甘くて大粒の品種を最短期間で開発するしかない。栃木県農業試験場では「とよのか」にリベンジすべく、翌1990年（平成2年）に次の育種目標を掲げた交配を実施した。

「とよのか」よりも糖度高く酸味低く大粒で、なおかつ「女峰」よりも食味よく果実が硬く、「女峰」のように栽培後半になっても果実が極端に小さくなることのない品種。当時としては夢のような性質を持つ品種が開発ターゲットに設定された。

はたしてこのときに「久留米49号」に「栃《とち》の峰」を交配した組み合わせから、わずか6年後「とちおとめ」は誕生するのである。

1996年に「とちおとめ」と命名された新品種は、酸味と甘みのバランスがよかったうえに大きく見栄えがした。「とちおとめ」の生産が始まったのは1997年からだが、デビュー初年度から高い市場評価を獲得。以来、2000年には県内生産の94％が、2002年には97％が「女峰」から「とちおとめ」に切り替わった。

福岡県の「あまおう」参上

福岡イチゴの天下は、1994年（平成6年）までの6年間で終わった。なりふり構わず生産量にものを言わせた栃木県が、産出額1位の座を奪い返したためだ。さらに１９９６年からは「とちおとめ」が登場し、「とよのか」並みかそれ以上の価格帯で売られるようになってしまった。

このまま「とよのか」を生産し続けていても、栃木県に差をつけられるばかり。逆に今度は、福岡県が「とちおとめ」キラーの新品種を早急に獲得しなければならない立場に追い込まれた。

そもそも「とよのか」には病気に弱いうえに手間がかかるという欠点があり、栽培の工夫でカバーしてきた経緯がある。果実品質は高くても、生産者の収益性が劣る品種であった。

「あまおう」が得られた交配は、「とちおとめ」が命名された１９９６年に福岡県農業試験場で実施されている。２００１年には「福岡S6号」の名で品種登録出願され、「あまおう」の商標名で出荷が始まったのは２００２年。交配から出荷まで7年間というのは、「とちおとめ」と同じ速さである。両県の意地の張り合いが、これほど短期間での商品化を実現させた。「あまおう」は「あかい、まるい、おおきい、うまい」の頭文字からつけられた。さらにイチゴの王様という意味まで込められており、なるほどうまいネーミングだ。なお、商標権はJA全農ふくれんが有している。

その名のとおりふっくら丸い形が特徴の「あまおう」は、「とよのか」と比べて重量平均が1・2倍になり、「とよのか」では必須であった「葉よけ」「玉出し」といった余計な作業をなくしてくれた。

「女峰」「とよのか」「とちおとめ」の場合は、5年間で県内シェアをほぼ100％切り替えた。危機感を共有した県、農協、生産者の連携がうまく取れた賜物《たまもの》であり、十分に早かったといえる。逆にこれ以上短縮するのは、不測の事態に対応できなくなるリスクのほうが大きい。

しかし「あまおう」はさらに早く、導入4年目には県内作付シェア98％を実現している。この背景には、麻生渡《あそうわたる》知事の強引ともいえる決定があった。

幸いよい方向に転んだからよかったものの、イチゴ関係者は「あまおう」の普及に際して相当な無理を重ねたに違いない。そもそも「あまおう」には、「とよのか」よりもやや晩生で収穫期が遅いという欠点があった。すなわち、もっとも高く売れる年内出荷量が減るというリスクを抱えてのデビューだったのだ。

出荷量が減ってしまう以上、より高く売れる高級イチゴのイメージを獲得するしかない。福岡県は「あまおう」の地元への出荷量を抑え、東京市場への出荷を優先し続けた。また、果肉の柔らかさを生かしたスイーツ開発を積極的に行い、「あまおう」のブランド力向上を図ったのだ。その結果「あまおう」は、2023年産まで「19年連続で単価日本一」のイチゴであり続けている。

「あまおう」は当初から海外輸出を進めたことも特徴的で、2002年の香港を皮切りに、台湾、シンガポール、タイ、アメリカ、ロシアにも販路を築いている。しかも「あまおう」は国内外の需要にまだ応えきれていないという。

栃木県の「スカイベリー」と「とちあいか」

1996年（平成8年）生まれの「とちおとめ」は、いまでも十分に優秀な品種だと思う。甘みと酸味のバランスが一番よいと「とちおとめ」一途《いちず》な人も多い。私もそのひとりだ。

2010年頃、栃木県の農業関係者の間では「とちおとめ」の後継品種がどうなるかについてあちこちでささやかれていた。「とちおとめ」の品種登録が切れる2011年11月が、間近に迫ってきていたからだった。品種登録とは、品種を開発した育成者の権利を保護する制度だ。現在の育成者権の存続期間は、草本類《そうほんるい》が最長25年で木本類《もくほんるい》が最長30年である。登録期間が終わると、「とちおとめ」は誰もが自由にどこででも生産販売できるようになる。福岡県そして「あまおう」の追撃をかわした最大の功労者「とちおとめ」を栃木県が独占できなくなり、「とちおとめ」の相場が下がることが予想された。

最大の関心事は、期待できる新品種候補はあるのか、であった。が、皆の情報は「すぐには出てきそうもない」で一致していた。

2008年に設立されたばかりの県いちご研究所職員の胸のうちは、想像するにあまりある。

2014年には「スカイベリー（栃木i27）」のデビューが大々的に報じられた。県としても相当な額の広告宣伝費をかけ続けたはずだ。先に世に出ている「あまおう」や「紅ほっぺ」が築いた高値で売れるプレミアムイチゴのポジションを奪うには、金を惜しむわけにはいかない。

ただ、これだけしても「スカイベリー」の栽培面積は県内で１割にすら届くことはなかった。流通量が限られれば、知名度も高まらない。品種としての実力を十分に出し切ったうえでの結果だと受け止めるべきだろう。「とちおとめ」の品種登録が切れた後の10年間、いちご王国を守り抜いたのは「とちおとめ」自身であった。

２０１９年（令和元年）、ついに「とちおとめ」の真の後継品種がデビューを果たした。「とちあいか（栃木i37）」である。「とちあいか」は、どこか間延びしたようにも見える「スカイベリー」とは異なる、誰が見てもイチゴらしい色形で、甘みが強く酸味がおだやかな大粒品種。くわえて「とちおとめ」より早く収穫できて総収量も多いうえに、粒揃いよく耐病性に優れている、と生産者にとっての魅力も申し分ない。国民的人気品種に育つポテンシャルは十分だ。２０２３年には作付面積ではじめて「とちおとめ」を抜き、すでに57%に達した。県としては８割を目標に掲げている。

気になる点といえば、「とちおとめ」好きにはもの足りなく感じる酸味の少なさと果肉の白さのみ。果肉の断面が白すぎてスイーツには使いにくいかもしれないが、これとて「とちあいか」のブランド力が高まれば、気にする人は稀だろう。

いちご王国栃木の国民の一人として、「とちあいか」「とちおとめ」の活躍を私は願い、次世代品種の登場を心待ちにしている。

佐賀県育成品種で台頭した熊本県

栃木県、福岡県に続く、収穫量第3位は熊本県である。2000年（平成12年）に静岡県を抜き、その差を広げてきた。4位以下は、愛知県、長崎県、静岡県、茨城県、佐賀県、千葉県、宮城県となっている。3位から6位までは団子状態だ。

熊本県は、昭和40年代の「はるのか」の導入で産地化された比較的新しいイチゴ産地だ。昭和60年代には「とよのか」が普及し、一気に生産量が増えた。

だが、福岡県と同じく「とよのか」の欠点が問題視されるようになり、1995年に熊本県農業研究センターがオリジナル品種の開発をスタートさせた。

その成果として、大きく甘く手間のかからない待望の新品種「ひのしずく（熊研い548）」が、品種登録されたのは2006年。ここで一気に「ひのしずく」に切り替えるのかと思いきや、熊本県はそうはしなかった。「ひのしずく」も「あまおう」と同じで、年内収穫量が少ないという弱みを抱えていたためである。熊本県は福岡県と対照的な対応を取る。

お隣の佐賀県が育成した「さがほのか」の栽培許諾を得て、「ひのしずく」と同時に普及させはじめたのだ。

「さがほのか」は2001年に佐賀県農業試験研究センターが品種登録した品種。

「さがほのか」の父親は「とよのか」であり、「ひのしずく」よりも年内出荷量もトータルの出荷量も多いという強みを有していた。

結果は正直だ。２０１４年産の作付面積は、「さがほのか」が6割を占め、１割強の「ひのしずく」に大差をつけた。ただ「ひのしずく」の投入は、熊本イチゴの知名度を高める役割を果たした点で意味はある。

「さがほのか」はといえば、「とちおとめ」に次いで全国の栽培面積で第2位に躍り出た。

熊本県農業研究センターは名誉挽回《めいよばんかい》に燃えたに違いない。２０１７年に品種登録された「ゆうべに（熊本ＶＳ０３）」の年内収穫量は、「さがほのか」よりも多く期待の新品種であった。「ゆう」は漢字で書くと熊。勇ましい者のたとえの熊羆《ゆうひ》の熊である。「べに」はもちろん紅だ。

２０２３年（令和5年）の「ゆうべに」の、農協を通す県内系統共販の作付面積は56％。さらなる拡大が確実視されている。

生産量8位の佐賀県は佐賀県で、抜かりなく「さがほのか」の後継品種を用意していた。２０１８年に品種登録された「いちごさん（佐賀i9号）」である。父親は「やよいひめ」で、「ゆうべに」同様「さがほのか」よりも年内収穫量が多い。さらに果肉の断面までが赤く染まるため、ケーキに抜群に向く。２０２３年の県内作付面積は97％に達した。

「ゆうべに」も「いちごさん」も、「あまおう」と同じように品種名ではなく商標名である。

5位の長崎県についてもひと言だけ触れておこう。

長崎県の主力品種は「ゆめのか」だ。「ゆめのか」は２００７年に品種登録されているのだが、愛知県が育成した愛知県の主力品種なのである。
栃木県vs福岡県に端を発した販促合戦・開発合戦以上に、九州4県の競争の行く末に目が離せない。

大石俊雄の先見性と夏イチゴ（夏秋イチゴ）

日本で青果用に生産されているイチゴには、大きく分けて2タイプある。ひとつが11月から5月まで収穫を続ける促成栽培用の一季成りイチゴ。私たちが食べているイチゴは、ふつうはこれである。もうひとつが夏イチゴ（夏秋イチゴ）だ。夏イチゴは一季成りイチゴにはない四季成り性を有することが特徴で、前者の果実が流通しない6月から11月にかけて生産される。この時期、スーパーの店頭でイチゴを見かけることは少ないが、この期間のケーキやパフェなどに使われるイチゴは、ほとんどが夏イチゴなのである。

夏イチゴの品種改良が進み生産が増える前は、カリフォルニア産輸入イチゴが使われていた。夏イチゴの改良に取り組んだのは、福島県伊達《だて》郡保原町《ほばらまち》（現伊達《だて》市保原町）の大石俊雄《おおいしとしお》である。大石は、山上げ栽培や電照栽培といった労力と費用を抑える方法を、品種改良によって実現しようとしたパイオニアであった。1951年（昭和26年）には「大石四季成一号」を育成したが、普及はしなかった。1970年にも、さらに改良を進めた「大石四季成」を発表したものの、これも広まらずに終わった。

ある程度まとまって夏イチゴが生産されるようになったのは、徳島県が1987年に育成し、標高約1000mの三加茂町《みかもちょう》（現東《ひがし》みよし町《ちょう》）水《みず》の丸《まる》地区に導入した「みよし」からだ。

1996年（平成8年）には、夏イチゴをメジャーにした品種が登場した。北海道上川《かみかわ》郡東神楽町《ひがしかぐらちょう》に本社を構えるホーブが育成した「ペチカ」だ。「ペチカ」が北海道に夏イチゴ産地をつくったといえる。続いて2010年には現在の主力品種「すずあかね」を、農薬メーカーのホクサンが育成。2001年以降イチゴの輸入量は減り続けている。

「みよし」も「ペチカ」も「すずあかね」も、片方の親には大石が育成した品種が使われた。大石の鋭い先見性には驚かされる。

競馬馬の名産地が夏イチゴの名産地に

夏イチゴと呼ばれているとはいえ暑さは嫌う。したがって産地は限られる。夏イチゴの主産地は北海道なのだ。

新千歳《しんちとせ》空港から南東へ約130km。浦河町《うらかわちょう》は、右手に太平洋を眺めながらえりも岬を目指す国道沿いにある。真夏でも30度を超えることはまずない。

浦河が含まれる日高《ひだか》地域は、もともと軽種馬《けいしゅば》の産地として名高く、その生産量は全国の約8割を占めている。軽種馬とは、競走馬おもにサラブレッドのことをいう。

浦河はイチゴの新興産地でありながら、日本最大の夏イチゴ産地に成長した。JAひだか東産の夏イチゴはトップブランドである。生産している品種は「すずあかね」のみ。

ひとつの思いに向かって、JAひだか東と浦河町とホクサンが力を合わせた結果だ。三者のうちもっとも貢献したのは、明らかにJAひだか東である。これには金融事業を行わず、農業に特化した地域農協であることも影響していそうだ。

浦河の夏イチゴは、2003年（平成15年）4月、JAひだか東が子会社の農業生産法人を立ち上げたところから始まる。生産者5名からのスタートだった。

そもそものきっかけは、バブル経済崩壊以降平成10年代まで、軽種馬を生産しても売れない時代が続いたためだ。事実1992年をピークに2012年まで、20年間でサラブレッドの生産頭数は4分の1以下にまで減った。町の主産業がこのような状況となり、新たな産業として取り組んだのが夏イチゴ生産だったというわけだ。

現在の生産者でもともと浦河に住んでいた人は5名のみで、大多数が移住者である点も特徴的である。ここまで増えたのは浦河町と様似町《さまにちょう》の両町による受け入れ態勢整備の成果だ。同じ管内の両町が、ビニールハウスを建ててリースする方式を採用。先行投資も設備投資も必要はない。1〜2年の現地実習をしたうえで、やる気と運転資金さえあれば誰でも夏イチゴの生産ができるのだ。「すずあかね」の本格導入は2008年からであった。

JAひだか東のイチゴ生産は完全分業体制で行われている。一般的にイチゴの生産者は、パック詰めの出荷作業にかなりの労力を割かなければならないのだが、管内の生産者はこれをする必要がない。選別とパッキングはすべて農協の共同選果場で行われるからだ。
JAひだか東では、収穫のピークを需要が高い9〜10月に持ってきている。このほぼすべてが加工用である。7〜8月の生産を控えているのは、ケーキが売れない時期だからだ。
夏イチゴの味は、一季成りイチゴと比べると酸味がかなり強く感じられる。遺伝的にも生育温度条件的にもやむをえない点だ。しかしこれとて品種改良によって甘い新品種が登場してきている。ホーブは2017年に「なつみずき（ペチカほのか）」をリリース、ホクサンも2024年に「すずあかね」の後継品種「すずりっか」を浦河でデビューさせた。

白、黒、桃色、変わり者の品種たち

近年で世の中をもっとも騒がせた品種といえば、やはり世界初の量産白イチゴ「初恋の香り（和田初こい）」につきる。2009年（平成21年）に登場した「初恋の香り」は、和田《わだ》泰治と三好《みよし》アグリテックが共同開発した品種である。

ほのかにしか赤みが差さない果実を目の前にし、味への期待を捨てて齧《かじ》りつけば、うまさと香りのよさが想像をはるかに超えてきて、頭がしばらく混乱する。これ以降白イチゴの新品種が次々生まれたのも「初恋の香り」のおかげ。非常識を常識に変え、イチゴの世界を広げた功績は、後世に語り継ぎたいものだ。

白がよければ黒も出てくる。2015年に品種登録された黒イチゴ「真紅《しんく》の美鈴《みすず》」がそうだ。

実際には濃紅色であり、黒イチゴと言い切るには勇気がいる。「真紅の美鈴」は、千葉県職員として「麗紅」などの開発をリードした成川昇《なるかわのぼる》が、定年退職後に育成した品種。成川は退職後に大網白里《おおあみしらさと》市にナルケンいちご園を開き、自らイチゴ生産と育種を始めた人物である。

千葉県農業試験場（現千葉県農業総合研究センター）で1976年（昭和51年）に育成した「麗紅」は、「女峰」登場まで関東の主力品種であった。

栃木の「女峰」育成を主導した赤木博《あかぎひろし》はさらにスケールが大きい。退職後、タイのロイヤルプロジェクトに自費のボランティアで参画したのだ。タイ王室が直接行う北部山岳地帯を貧困から救うプロジェクトで、イチゴ生産の技術指導に乗り出したのである。そしてタイの栽培環境に合った新品種「ロイヤルクイーン」の育成に成功する。

赤木は2017年に亡くなったが、日本でも「ロイヤルクイーン」はエバーウィングスによって苗の供給が行われ、生産も続けられている。香り高い「ロイヤルクイーン」の味わいは、私にはどこか「福羽」に通じている気がした。

赤木と成川の、お役所仕事の対極をいくチャレンジに勇気づけられる育種家は多いはずだ。

色の違いということでは、オレンジがかった薄桃色の品種も存在する。2011年に品種登録された「桃薫《とうくん》」だ。国の農研機構と北海道農業研究センターが共同開発した「桃薫」の新しさは、珍しい色に加えて、イチゴで感じることのないココナッツやモモの香りがする点だ。これまで品種改良に使われることがなかった、東南アジア原産のフラガリア・ニルゲレンシスの血を取り入れたことで実現した新規形質である。

ひと口かじるとまず香りに驚かされる。食感もどこかモモっぽい。甘みと酸味は弱いほうだ。たしかにインパクトは十分。新しいしおもしろい。

ただ「桃薫」を何度も食べたいと思う人はどれだけいるのだろう。研究成果として誇るのは理解できるが、農業の成果として誇るにははじめから無理がある。

研究なのか商業育種なのか。この立ち位置をあいまいにすると、中途半端な品種が世に出てくる。これでは分不相応な期待を背負わされてしまう品種がかわいそうだ。

一方で、チャレンジなくしてイノベーションは起きえない。目新しさで勝負するなら、全力で売り込まない限り経済価値を生む品種に育つはずはない。消費者にも生産者にも流通業者にも、他の選択肢はいくらでもあるのだから。

最終評価は、「桃薫」の血を受け継いだ優秀な品種が今後生まれてくるか次第だ。

種子から育てる時代への道しるべ

イチゴは毎年苗をいちから育て直さなければならない。こうしないと果実の品質が低下し収量も減ってしまうからだ。同一クローンを接ぎ木で増やす同じ栄養繁殖の果樹とはこの点が異なる。種苗供給段階まで含めれば、ここに大きなコストがかかっている。くわえて種苗生産時の病虫害汚染のリスクもつきまとう。

ただでさえ担い手不足に悩む農業生産現場において、種子から育てられる優秀な品種が出てくれば、産業構造自体を大きく変える可能性がある。すでに、国、県、民間での共創と競争が始まっている。

その最初の成果として登場したのが２００９年（平成21年）から普及が始まった「よつぼし」だ。「よつぼし」は三重県、香川県、千葉県と農研機構の共同開発によって生み出された。種子繁殖型品種としての実用化実証も兼ねているから、「よつぼし」の使命は重い。

種子繁殖型の品種の能力が、既存の栄養繁殖型品種と同程度であれば、コスト面で断然有利な種子繁殖型に切り替わりそうに思える。ただ現実にはそう簡単には進まない。最大の課題は、移行時の生産者の栽培管理上の負荷増大だ。これは極端な表現だが、違う作物をいまのイチゴと同時に栽培するなんて無理、といったぐらいの心理的な抵抗感を持たれかねない。さらに、ブランド力強化のために特定の品種に集中したい県や農協の思惑もある。

栽培地によって評価が割れるという「よつぼし」の欠点を改良した、三好アグリテックの「ベリーポップ」シリーズなどの品種も登場してきているし、今後は県や他の育種会社からも優れた品種が次々と商品化されるだろう。

種子繁殖型品種は、いつか必ずイチゴの主役に躍り出る。その試金石は、産地の思惑の影響を受けない観光いちご狩り園が、どれだけ種子繁殖型品種に切り替えていくかにかかっている。

3　イチゴショート対いちご大福

イチゴのショートケーキは日本生まれ

イチゴほど菓子と相性のよい果物はない。日本人の誰もがこう感じるようになったのは、きっとイチゴのショートケーキのおかげだ。

イチゴ、生クリーム、スポンジケーキの絶妙なハーモニー。このタイプのショートケーキ自体が日本生まれなのである。

イチゴショートを最初に商品化したのは、藤井林右衛門《ふじいりんえもん》だとされる。藤井林右衛門は1910年（明治43年）11月に、横浜市元町《もとまち》に不二家《ふじや》洋菓子店を開業。店舗はヘボン博士邸から300mほどだ。その年の12月にはクリスマスケーキも発売している。

イチゴショートの原型が発売されたのは1922年（大正11年）である。ただし当初はスポンジケーキではなくカステラ生地であった。

日本生まれのショートケーキとオリジナルなショートケーキとの最大の違いは、生地にある。オリジナルなショートケーキはビスケット生地でできているもので、ショートケーキの語源は固くサクサクしたショートブレッドからきている。藤井は日本人が好むのはビスケット生地よりも、柔らかく口どけのよいカステラ生地だと考えたのだ。

1905年に出版された『欧米料理法全書』には、ストロベリーショートケーキのレシピが3種類記載されている。ここに書かれていた作り方は、たしかにビスケット生地であった。

業務用の生クリームが商品化されたのは1962年（昭和37年）。東京の中沢《なかざわ》牛乳（現中沢乳業）によってである。これによりいっそうショートケーキの製造量が増えていった。

いちご大福は最初「どら焼き」にイチゴを挟んでいた

いちご大福が登場したのは、イチゴショートが生まれてから63年後のこと。各種メディアがセンセーショナルに取り上げた当時の記憶が蘇る人も多いだろう。製造量が限られていたために、騒動の渦中でいちご大福を味わえた人は、国民全体から見れば極めて少数であった。

いまでこそ、いちご大福をイチゴショートと並び称しても変な顔をされることはないが、当時はほとんどの人がどんな味かを想像できなかったし、本当においしいのかすら疑っていた。

いちご大福を発明したのは、新宿区住吉町《すみよしちょう》の大角玉屋《おおすみたまや》3代目店主、当時34歳の大角和平《おおすみわへい》である。玉屋は、「福羽」が生まれた新宿御苑の少し北、地下鉄都営新宿線曙橋《あけぼのばし》駅近くに店を構える。

玉屋の「いちご豆大福」が発売されたのは1985年（昭和60年）2月であった。

はじめの1、2ヵ月の販売数は、1日に数十個。あるとき、TBSラジオとフジテレビが紹介したところ、メディアがこぞって取り上げ、手作りの製造能力の上限である2000個強が連日あっという間に売り切れてしまう事態になった。お台場《だいば》に移転する前のフジテレビや東京女子医大病院が、玉屋のすぐ近くにあったことも大きかったと思うが、和菓子と生のイチゴの組み合わせが世間に与えた衝撃は大きかった。

あんパンに通じる大発明、いちご大福はいったいどのようにして生み出されたのだろうか。大角は雑誌『近代企業リサーチ』のインタビューにこう答えている。

「ショートケーキを和菓子に応用できないかと思ったことがきっかけなんです。最初はどら焼きに挟んでみたりして」

試行錯誤を経た結果、餡《あん》のなかにイチゴを埋め込む方法が一番おいしくなったために、イチゴを見せる外観は諦めたのだそうだ。

この玉屋は私の生家からほど近く、通学時に店の前をよく通っていた。結局、玉屋のいちご豆大福にありついたことはなく、常に売り切れの張り紙が張ってあった記憶だけが残っている。

長野県にイチゴジャム産地をつくった塩川伊一郎父子

長野県小諸《こもろ》市には標高700〜800mの御牧ヶ原《みまきがはら》台地と呼ばれる一帯がある。平安時代、朝廷に馬を献上するための牧場であったことが地名の由来だ。北陸《ほくりく》新幹線が突っ切る台地上の水田地帯を走る県道153号線に、なぜか「いちご平」というバス停がある。

これは、ここがかつてジャム加工用の露地栽培イチゴの大産地であった名残なのだ。

御牧ヶ原でイチゴ栽培を始めた人物は、塩川伊一郎《しおかわいいちろう》という。すでにモモの生産とモモ缶の製造を行っていた塩川は、工場の稼働率を高めるために、モモ缶製造の前にイチゴジャムを製造することを思いつく。1902年（明治35年）に三岡村《みつおかむら》（現小諸市）でジャム製造目的のイチゴ栽培を開始し、1904年にはイチゴジャム製造所を設立した。

塩川のイチゴジャムは、その味と品質が評価され、1910年には長野県知事から明治天皇へ献上されている。翌1911年には帝国《ていこく》ホテルへの直接納品が決まったほか、明治屋《めいじや》からの委託製造も始まった。

御牧ヶ原にイチゴ栽培地が移ったのはちょうどこの頃である。

ジャム用の品種に求められる特性は、露地での粗放栽培に耐えること、酸味が強く果肉が中まで赤く色づくこと。ペクチン含量が多いこと。特に重要であったのは、ヘタ取りしやすい形であるかどうかであった。ヘタ取りがもっとも労力を要する作業だったからだ。

塩川は人手不足を補うために、子どものアルバイトを雇って対応したりもした。子どもは指が細いため、大人よりもヘタをきれいに取れたという。品種は「ルサー」と「エキセルショア」が主力であった。

1914年（大正3年）にはジャムの製造期間を延ばすために、小諸よりも早く収穫できる兵庫県鳴尾村でのイチゴ栽培を委託しはじめてもいる。

この地で加工されたイチゴジャムについては、8割が海軍御用達として納品された。

イチゴジャムといえば明治屋となる理由

ジャムの歴史は古い。人類がはじめて砂糖を手に入れた紀元前に、すでにジャムはつくられていた。

逆にいえばジャムは砂糖がなければつくれない。砂糖は日本には遣唐使によってもたらされ、初期の用途は薬であった。時代はくだり、南蛮貿易が盛んになると、砂糖は重要な輸入品目のひとつとなる。甘い和菓子を庶民が口にできるようになったのは、江戸時代以降の話なのだ。

明治屋のMY印ジャム3種（写真・明治屋）

国産ジャムがはじめて販売されたのは1877年（明治10年）。内藤新宿試験場産のリンゴジャムであった。

ジャムパンは、1900年に銀座《ぎんざ》木村屋《きむらや》3代目の木村儀四郎《ぎしろう》が創作している。だが、このとき使われたジャムはイギリスから輸入したアンズジャムであった。創業者木村安兵衛《やすべえ》があんパンを発売した1874年から26年後、中村屋《なかむらや》が最初に売り出したクリームパンよりも4年早い。

輸入食品で名高い明治屋は、1911年にM

Y印イチゴジャムを発売した。このときの製造委託先が、塩川伊一郎の会社であった。

明治屋のジャム容器が、缶から瓶に変わったのは1965年（昭和40年）。使い勝手のよい容器の登場とともに食事の洋食化もいっそう進み、ジャムの販売量は増え続けた。

明治屋のジャムはいまもラインアップが豊富だ。そのなかに変わった商品がひとつある。1989年（平成元年）に復刻発売されたMY印イチゴジャムがそれだ。容器は缶詰、缶をくむ包装紙も当時のデザインに近く、製法もほぼ当時のまま。品種はわざわざ「アメリカ」を使うこだわりようがうれしい。

こうしてイチゴジャムの歴史を知ってみると、俵万智の次の1首がより味わいを増すのではないだろうか。


明治屋に初めて二人で行きし日の苺のジャムの一瓶終わる

瓶と記されていることから、レギュラー商品のマイジャムのようだが、明治屋とジャムのとりあわせには深い縁があるのである。

第5章　メロン――大隈重信が流行らせた明治貴族の食べ物

びっちりと網目が入り、頭にT字型の茎をつけた立派なネットメロンを目の前にしたとき、まず思うことは何だろう。

「1個を独り占めして、一番おいしい部分だけを殿様食いしてみたい」、ではないだろうか。包丁を入れた途端にしたたる果汁。目に飛び込むエメラルドグリーンやパステルオレンジの果肉。すぐさま鼻腔《びこう》から脳を刺激するメロンならではのあの香り。いつの間にか口のなかにたまっていた唾液と欲望を飲み込んで、冷静になろうとしている自分に気づき、ちらっとあたりを見回してみたり。

このような妄想をかきたてられる果物は、おそらくメロンだけだ。

ひょっとしたらあの網目模様には、日本人にメロンは特別な果物だという催眠術をかける力が備わっているのかもしれない。

1　マクワウリからマスクメロンへ

明治の世を騒がせた飛行機とメロン

１９１０年（明治43年）12月19日は、日本で動力つき飛行機がはじめて飛んだ公式記録日だ。飛行時間は約4分間、距離にして約３０００m。時速53km、最高高度70m。機体はフランス製のアンリ・ファルマン複葉機であった。操縦士は徳川好敏《とくがわよしとし》大尉、清水《しみず》徳川家の8代目当主が、この栄誉に輝いた。

その場所はといえば、原宿《はらじゅく》駅のすぐ西側、いまの代々木《よよぎ》公園なのである。竹《たけ》の子族《こぞく》が生まれた代々木公園歩行者天国は、かつては帝国陸軍代々木練兵場だったのだ。

翌１９１１年から大正はじめにかけては、ジェームズ・C・マースを皮切りに、海外から飛行機乗りたちが次々と来日した。彼らが開催した航空ショーはどこでも大賑《おおにぎ》わいとなり、新聞各紙の一面を飾った。

すぐには信じられない話かもしれないが、時を同じくして登場したメロンも、飛行機と同じぐらいのインパクトを日本社会に与えた。マスクメロン協会初代常任幹事の大沢幸雄が、同協会が出版した書籍『マスクメロン』のなかで書き記した一節を引用しておこう。

「丁度その頃飛行機が飛んだと大さわぎした様にメロンが出来た実が成ったと云ふことが精一

杯で、味など贅沢《ぜいたく》を云ふ人も無い、わかる人もなかった。」
飛行機とほぼ同じタイミングで我が国に姿を現したネットメロンは、庶民にとって、実物をひと目見るだけでうれしい憧憬の対象だったのだ。

長崎グラバー園が日本の温室のはじまり

作物の栽培可能期間を広げるのにもっとも貢献した設備といえば、温室につきる。ビニールハウスを含めれば、私たちの食生活がどれだけ温室に依存しているかを想像できるはずだ。特に日本のメロン栽培はガラス温室の普及によって実現した。いや、メロンがガラス温室を日本に普及させたとまでいってもよい。

国内ではじめてガラス温室が建てられたのは１８６３年（文久３年）、長崎でであった。グラバー園がその場所だ。幕末に武器商人として暗躍したトーマス・グラバー、彼が建てた温室は、邸宅と温室が一体化したコンサバトリーであった。コンサバトリーとは、冬の日照時間が短く寒いヨーロッパで、屋外では枯れてしまう植物を栽培し庭代わりにもなる多目的スペースをいう。当初の温室は研究用でも農業用でもなく、金持ちのステータスシンボルだったのだ。

農業目的で建てられたガラス温室となると、公的な試験場では、１８７３年（明治６年）の青山の開拓使第一官園が最初である。この温室は、アメリカから招聘《しょうへい》されたお雇い外国人ルイス・ベーマーの指示によって作られた。果樹栽培の専門家であったベーマーは、北海道の近代農業化に大きく貢献したほか、ビールの原料ホップの国産化を実現している。

続いて1875年には、勧業寮内藤新宿試験場（現新宿御苑）に110㎡の無加温温室が建てられた。新宿御苑内に加温設備つきの温室が建設されたのは、1893年になってからであった。第1号温室と名づけられたこの温室に続き、1897年までには4棟の加温温室が増設された。そして翌年からは、福羽逸人が新宿御苑の指揮を執りはじめている。

メロンに網目模様ができる原理

メロンの原産地は、これまで長く北アフリカだと考えられてきた。ところが2010年（平成22年）に、植物学者スザンヌ・レナーがゲノム解析によって、キュウリと同じインドのヒマラヤ地方であることを明らかにした。

日本にメロンが入ってきた時期は大きく2つに分けられる。中国経由でマクワウリがやってきた縄文末期から弥生時代、そしていわゆるメロンが西洋から入ってきた明治維新後である。

メロンらしさといえば、表皮にできる模様と独特の香りだ。あの網目模様は果実が肥大していく過程で、内部が大きくなるスピードに表皮の成長が追いつかずに入るひびが原因となってできる。つまりこのひびを塞ごうとして作られるかさぶたみたいな組織こそが、網目の正体なのだ。この組織はスベリンという蠟質《ろうしつ》の物質で、コルクの主要成分と同じである。

メロンの生産者はこのひびが細かく均等に入るように、細心の注意を払って水管理と温度管理を行い、果実の内圧をコントロールしている。こうすることで美しい網目模様が生まれる。が、もし一度でも内圧を高めすぎてしまったら、熊に引っかかれたような傷跡ができてしまい、商品価値を失ってしまう。

さて、フランス人はネットメロンのことを、melon brodé とも呼ぶ。melon brodé とは、刺《し》繡《しゅう》したメロンという意味だ。この表現にはさすがはフランス人だと感心するしかない。

もうひとつの特徴である香りについては、マスクメロンの名称そのものが教えてくれる。英語表記は、musk melon。ムスク（麝香《じゃこう》）の香りがするネットメロンという意味なのだ。

マスクメロン以前のメロン、マクワウリ

明治以降に入ってきたおなじみのメロンの物語の前に、日本に古くから伝わっていたメロンであるマクワウリについて先に紹介しておきたい。

マクワウリはシロウリとともに、有史以前に中国経由で日本列島に伝わった。その証拠に、弥生時代のいくつもの遺跡から種子が発見されている。

そう、マクワウリこそ日本人が出会った最初のメロンなのである。甘みがないシロウリはマクワウリの変種であり、両者を種子で区別するのは難しい。また、当初はマクワウリもシロウリも同じウリとして括《くく》られており、『万葉集』などに詠まれた瓜《うり》はマクワウリだと考えられる。

シロウリとは異なりマクワウリには芳香があり甘みもあるため、いつしか味瓜《あじうり》として区別さ

れるようになった。その後甜瓜《てんか》と呼ばれ、戦国時代にはより甘みの増した品種が美濃国に登場し、名産地となった真桑村《まくわむら》の名をとって真桑瓜《まくわうり》として知られるようになっていく。

シロウリが甘くない理由は、マクワウリの果実には成熟するにつれて果糖、ブドウ糖、ショ糖が含まれるようになるのに対し、シロウリではほとんど形成されないためだ。だからといってシロウリが軽く扱われていたわけではない。明治時代初期まではシロウリのほうが、キュウリよりもずっと多く生産されていた。これはキュウリの苦味があまり好まれなかったためだ。また、マクワウリも1970年（昭和45年）頃までは、青果店やスーパーの店頭でふつうに売られていた。

秀吉、家康とマクワウリ

村上華嶽《むらかみかがく》の日本画「大燈国師五条橋下図《だいとうこくしごじょうばし》」には、甜瓜（マクワウリ）を左手に持った大燈国師こと宗峰妙超《しゅうほうみょうちょう》が描かれている。これは次の逸話がもととなっている。

鎌倉時代末期、宗峰妙超は京都鴨川《かもがわ》、五条橋のたもとあたりで乞食《こじき》をしていた。26歳で大応国師《だいおうこくし》に悟りを得たと認められた際に、これから20年間聖胎長養《しょうたいちょうよう》せよと命じられたためだ。禅宗での「聖胎長養」とは「悟後の修行」を意味する。

禅に傾倒していた花園天皇は、そんな宗峰妙超に会いたくてしかたがなかった。ところが乞食の集団のなかから妙超を探し出す術がない。そこで妙超がマクワウリ好きだと知った花園天皇は、一計を案じて妙超を見つけることに成功するのだ。

五条橋で乞食たちにマクワウリを見せびらかし、「足で歩かずにここまで来られる者にこれを与える」と伝えさせたのである。その際に「手で渡さずにそれを渡せ」と言ってきた乞食がいて、禅問答で返した妙超を見つけられたのだそうだ。

甘いものが貴重であった時代、武家の贈答品の定番といえば馬と並んで果物である。現代人にはとても果物とは思えないほど甘みの薄いマクワウリにも、確かな価値があった。

マクワウリの名が文字として残されている最古の記録は、『御湯殿上日記《おゆどののうえのにっき》』1575年（天正3年）の項の「のぶなかよりみののまくはと申す瓜とて二籠しん上」という一文だ。

長篠《ながしの》の合戦で武田軍に勝利してから約1ヵ月後の1575年6月29日に、上洛《じょうらく》した織田信長は、正親町《おおぎまち》天皇に美濃産のマクワウリを2籠献上したのである。マクワウリは高級瓜の代名詞、なおかつ自分が治める領地の特産物、と信長が強調したからこそ、御所に勤める女官の日記にはじめて「まくは」と記されたのかもしれない。

信長に続き、秀吉もマクワウリの言い伝えに登場している。

本能寺《ほんのうじ》の変が起きた1582年6月2日、羽柴《はしば》秀吉は備中高松城《びっちゅうたかまつじょう》に籠《こも》った毛利軍を包囲していた。翌3日の夜に信長の自刃を知った秀吉は即、毛利軍と講和し、京都の山崎《やまざき》に向けて全軍を移動させた。その距離約230km、約3万人の軍勢でだ。いわゆる「中国大返し」である。

6月13日の山崎の戦いでは、秀吉軍が待ち受ける明智《あけち》軍を打ち破り、光秀《みつひで》は落ち武者狩りに殺された。おそらくこの数日前の話だ。

　月岡芳年《つきおかよしとし》の浮世絵「皇国二十四功　羽柴筑前守《ちくぜんのかみ》秀吉」には、山崎の戦い前に、地元民から献上されたマクワウリを秀吉が左手に持ち、短刀で皮をむこうとする姿とそのエピソードが記されている。

　このマクワウリが例年よりも早く熟していたことから「例年よりも時猶早かり。時と土岐《とき》とは音通じて、則《すなわち》（土岐は）明智の本姓なれば、早く破るという吉兆ぞ」と周りの者に伝え、その当意即妙ぶりが称《たた》えられた。

羽柴筑前守秀吉（柳亭種彦筆・芳年画『皇国二十四功』1895年、国立国会図書館蔵）

　天下取りを果たした秀吉は信長に倣い、１５８６年６月22日にマクワウリを２籠朝廷に献上している。それも、前年10月に武士としてはじめて関白《かんぱく》になって迎えた最初の夏にである。

　徳川家康はといえば、１６１５年（元和元年）の大坂夏の陣で、陣中にマクワウリを献納されている。暑邪を除く良薬としてだ。家康も気に入ったのだろう。駿府城に戻ってから、真桑村（現岐阜県本巣《もとす》市）に諸役免除と毎夏の瓜献上を命じている。

「将軍秀忠花癖あり」と記されたほど園芸好きであった徳川秀忠は、江戸にマクワウリの産地を作らせた。秀忠は１６１７年以降、マクワウリの栽培名人を真桑村から御用農夫として呼び寄せたほど。将軍専用の御用瓜田が設けられた場所は、豊島《としま》郡柏木村成子《かしわぎむらなるこ》（現新宿区西新宿《にししんじゅく》）である。東京都庁の北側、神田川《かんだがわ》が北に流れる成子坂《なるこざか》や成子天神社《なるこてんじんしゃ》のあたりはマクワウリの産地だったのだ。ここで栽培されるマクワウリは「鳴子ウリ」と呼ばれ江戸名物となった。

成子に次いで、幕府領の多摩《たま》郡是政村《これまさむら》（現府中《ふちゅう》市）にも御用瓜田は設けられている。

松尾芭蕉が遊び心を込めた一句

庄内地方北部に位置する山形県酒田《さかた》市は、北には出羽富士《でわふじ》とも庄内富士《しょうないふじ》とも称される鳥海《ちょうかい》山《さん》を望み、最上川《もがみがわ》が日本海に注ぎ込む河口域に位置している。江戸から明治時代にかけて、酒田港は北前船《きたまえぶね》の寄港地として栄えた。山居倉庫《さんきょそうこ》と本間家《ほんまけ》旧本邸は、酒田の繁栄ぶりをいまに伝える人気観光スポットだ。

白壁土蔵が立ち並ぶ山居倉庫は、庄内米の保管倉庫としていまも使われており、ＮＨＫ連続テレビ小説「おしん」のロケ地ともなった。一方の本間家旧本邸は、大庄屋であり豪商であった本間光丘《みつおか》が藩主酒井忠徳《さかいただあり》に献上した武家屋敷。幕府の巡見使一行を迎えるための本陣宿を、本間家が新築したものである。

松尾芭蕉は奥の細道の旅の途中でこの酒田に寄り、1689年（元禄2年）8月9日に、次の句を残した。

初真桑四つにや断《たた》ン輪に切《きら》ン

酒田三十六人衆のひとり近江屋三郎兵衛《おうみやさぶろうべえ》が、夕涼みをしていた芭蕉を初物のマクワウリでもてなそうとしたときのこと。三郎兵衛が、即興で一句詠まないとマクワウリを食べさせられないと、まるでテレビのバラエティ番組のような遊びを持ちかけたのだ。メンバーは、芭蕉と弟子の曽良《そら》、三郎兵衛に庄内藩のお抱え医師であった伊藤玄順《いとうげんじゅん》の4人であった。初物の分け方を芭蕉が俳句で尋ねたときの3人の顔を想像すると愉快になる。

江戸時代には、成熟して果肉が薄緑色で外皮が白緑色になるものを銀マクワ、黄色になるものを金マクワと呼んでいた。日清、日露戦争をきっかけに中国から食味のよい「梨瓜《なしうり》」「棗瓜《なつめうり》」が導入されて、マクワウリの改良が各地で進んだ。昭和に入ってからは、西日本で「ニューメロン」など白皮白肉のマクワウリが人気となったが、東日本と東北ではそれまでの銀マクワや金マクワが生産され続けた。

正岡子規は1893年（明治26年）に次の句を詠んでいる。

狂言の手つきでぬすむ真桑哉

西洋メロンの導入は明治時代

マクワウリがすっかり庶民の食べ物になってしまった後に、メロンを再び権力者の食べ物の地位に引き上げたのが、欧米で改良された西洋メロンであった。

西洋からメロンが正式に導入されたのは、1872年（明治5年）。青山にあった開拓使第一官園で試作されたアメリカ産の品種が最初だ。翌年の栽培記録には、「アレンジメラン」「カントルップメラン」「モスクメラン」の名前が残されている。

以下は、1881年1月の「勧業課園芸部年次報告書」中のルイス・ベーマーの報告である。

メロン：甘く柔らかで果汁の多いアメリカ種メロンが先年開拓使により導入された。しかし果実の成熟に必要な温暖な時期が長くないのでよいものを見ることは稀である。外国種のマスクメロンもうまく育たず日本人はマクワウリのほうを好んでいる。より早生の品種が出れば作りやすく人気が出るかもしれない。

当時はまだ、日本の露地で栽培できる品種が存在しなかったことが読み取れる。

ブドウとイチゴに続きメロンでも、またしても福羽逸人が極めて重要な役回りを担った。日本ではじめてネットメロンの収穫に成功したのも、福羽がいた新宿御苑である。

日本に入ってきたメロンは、大きく分けてマスクメロンとアメリカ系カンタルーペの2種類であった。マスクメロンはイギリスからの温室栽培用で、アメリカ系カンタルーペは露地栽培用の品種であった。ヨーロッパ系メロンについては、1893年に逸人がフランスの露地メロンであるカンタルーペを温床栽培したのが最初だ。フランス系カンタルーペとアメリカ系カンタルーペは異なる種類だからややこしい。

アメリカ系カンタルーペには網目のあるものとないものがあり、香りは少なかった。

これについては、銀座千疋屋社長の斎藤義政が『くだもの百科』のなかで、米国人が最も好む果物だが、日本人の味覚からいうとそれほどでもない。感覚の相違でやむをえないと片づけてしまうには、あまりにも米国人と日本人との味覚が違いすぎると思われると述べている。

網目模様が特徴的なマスクメロンが入ってきたのは、1892年から93年にかけてだ。イギリスのサットンが育成した「スカーレット」は、外観がよいうえ甘みが強く日本人好みの香りがする点で、もっとも期待された。

1901年と02年には、新宿御苑産のメロンを重臣がもらったという記録も残されている。

1907年時点でも、マスクメロンを栽培しているといえるレベルに達していたのは、新宿御苑、帝国大学農科大学、大隅家温室、岩崎家温室のみであった。名前を見れば想像できるように、前者2ヵ所は実験目的で後者2ヵ所は趣味目的だといえる。この頃にはまだ、日本でマスクメロンを本気で普及させようなどと考えた者はいなかった。

園芸でつながった大隈重信と福羽逸人

大隈重信は近代日本を代表する政治家であり教育者である。2度の内閣総理大臣を含め重要閣僚を歴任し、早稲田《わせだ》大学の前身である東京専門学校を1882年(明治15年)に創設した。

東京専門学校の場所は、大隈の別邸の隣接地であった。なお大隈は1884年にこの別邸を本邸と定め、1922年(大正11年)に亡くなるまでここで過ごしている。

大隈邸に温室が造られたのは1887年。海外からの客人にもらう熱帯植物を枯らすのが惜しいという理由からであった。大隈は温室の洋蘭やヤシを愛育したと伝えられている。

大隈に温室を建てさせ、栽培管理の世話をした人物こそが福羽逸人だ。

新宿御苑に加温温室が建てられたのは大隈邸に後れること6年、1893年になってから。だがせっかくの温室も、宮内大臣土方久元《ひじかたひさもと》の無理解によって十分に活用できずにいた。状況を打開しようと福羽は、ある行動に出た。大隈に、もっと園芸の普及に力を入れるように頼んだのだ。もともと蘭の栽培に熱をあげていた大隈はその気になり、珍種の蘭を咲かせては切り花を宮内省に献上したり、自邸の温室に宮内省職員を招待したりしてPRに努めた。大隈の持論は、「園芸は自己のみ楽しむべきものではなく、衆を楽しますべきものだ」であったという。

さらに大隈は、1898年11月に70坪の装飾温室を建てている。個人でこの規模の温室は他になく、当時大評判となった。

こんな大隈を園芸業界が放っておくわけはない。大隈は1902年からは日本園芸会の第2

大隈邸の装飾温室（写真・早稲田大学歴史館）

米国前大統領候補ブライアン一行の大隈訪問　大隈邸温室内、1905年10月18日（写真・早稲田大学歴史館）

代会長を、1916年に発足した帝国愛蘭会《あいらんかい》では初代会長を務めてもいる。

大隈の没後、大隈邸は敷地ごと東京専門学校に寄贈され、大隈庭園として人々に親しまれる場所となった。

大隈庭園は早稲田キャンパスの東端にある。高い建物で埋めつくされたキャンパスのなかでは、緑に囲まれてくつろげる貴重な空間だ。正門の向かいにぽつんと立つ小さな洋館は、旧大隈邸門衛所。じつは早稲田大学でもっとも古い建物だったりする。この目の前の入り口から庭園に入って紅葉山《もみじやま》の手前、大隈講堂のすぐ北側のあたりに、大隈邸の装飾温室は建っていた。

大隈重信が流行らせたマスクメロン

大隈重信は宮中晩餐会でマスクメロンを食べて虜になったらしい。これをきっかけに自邸の温室でもマスクメロンを栽培しはじめたとも述べている。ところが、香りはよいが甘くないと自分で口に出してもいた。おそらく大隈は洋蘭と同じ感覚で、マスクメロンを西洋文化への憧れの象徴として捉えていたのだろう。あるいは、果物として特別にメロンを愛したというよりも、園芸文化を日本に広めるのにうってつけな植物だと考えたのかもしれない。

1920年（大正9年）7月10日には、大隈邸でマスクメロン品評試食会が開催された。大日本園芸組合有志の集まりである華蕾会と家庭園芸会の共催であった。品評会では、大隈邸の園芸主任堀切参郎《ほりきりさぶろう》が育成した新品種「ワセダ」が第1等に輝いた。

ヒーロー・オブ・ロッキンジ（五島八左衛門『実験メロン栽培』有誠堂書店、1935年）

堀切は１９１５年からメロンの育種を始めており、白皮緑肉の「ワセダ」は、「リングリーダー」に「ヒーロー・オブ・ロッキンジ」を交配した後代であった。

翌朝の『東京朝日新聞』には、「隈侯《わいこう》が生き延びる百二十五迄《まで》の娯楽　風涼しい早稲田邸に殿様達が舌鼓打って美果メロンの試食会」の見出しが躍った。

この見出しから「大隈重信がメロンを若返りの秘薬だと語った」と世の中に広まり、さらにメロン人気に拍車がかかったのだ。

ただ、実際に朝日新聞に引用されたメロンについての大隈自身の発言は、次のとおりである。

「経済上からも育種学上からもまた趣味娯楽のうえからも、都市園芸として最も格好なるものだ。そこで私は１２５歳の生命の娯楽としてこの上もないと思う」

「ワセダ」は普及するほどの品種にはならなかったが、マスクメロン品評会は毎年開催された。マスクメロンブームから、日本では高級フルーツが流行《はや》ったのである。

マスクメロンは皇族貴族のステータスシンボル

よい香りが特徴のマスクメロンは、イギリス文化への憧れとともに華族の庭園温室に持ち込まれて、洋蘭やブドウとともに愛好された。したがって生産販売するためではなく、日本ではすべて金持ちによる自家消費目的で栽培が始まった。

一方で、当初のマスクメロンはおいしいといえる品質ではなかった。皆が「超高級品だからおいしいものだと思い込んで食べる」「味のよさがわからないのは自分のせいだと考えて食べる」といった、滑稽なシーンがつきまとっていたのだ。

初期のマスクメロンは「スカーレット」などの赤肉か「ヒーロー・オブ・ロッキンジ」などの白肉であったが、1918年（大正7年）頃からは「ローヤルジュビリー」などの緑肉の品種も流通しはじめた。「スカーレット」は大正時代から昭和はじめまで主力品種となった。

1916年から1920年にかけては、一大メロンブームが起きた。きっかけは第1次世界大戦による好景気だ。大正バブルとも呼ばれ、貧富の格差が開いた時期でもある。これに元総理大臣の発言が加わったのである。成金たちにとってメロンは、さながら超高級外車のようなステータスシンボルとなった。

「メロンはブランデーに漬けてクリームをかけて食べるもの」

この表現からも当時のマスクメロンの味がどの程度であったのかは想像できよう。

新宿御苑では、1916年にようやくおいしく栽培できたと記録されている。1900年（明治33年）にイギリスから温室メロンを導入してから、16年を要したというわけだ。

関東大震災も影響しなかったメロン人気

1923年（大正12年）9月1日11時58分、首都圏は関東大震災に襲われた。死者・行方不明者は約10万5000人。うち火災による死者は約9万2000人。東京・神奈川は壊滅的な被害にあった。

にもかかわらず、メロン人気が下火になることはなかった。

翌1924年の雑誌『科学画報』では、園芸家の石井勇義《いしいゆうぎ》が、大震災後にますますメロン人気が高まり生産不足が続いている、と記している。

また『マスクメロン栽培法』のなかで著者の五十嵐梧楼《いがらしごろう》もこう述べている。「関東大震災で、メロン栽培はこのまま中絶するのではないかと危ぶむ人もあったが、逆だった」と。

千疋屋総本店は大震災から9ヵ月後の1924年6月に営業再開しているが、売上確保と顧客サービスの両面から、意外な新規事業を始めている。本店の地下に理髪店を併設したのだ。その店の名は「メロン」であった。

マスクメロン協会が設立されたのは、関東大震災からちょうど1年後の1924年9月である。初代会長は、1922年の大隈の死後、メロンの広報役となっていた鳥居忠一《とりいただかず》子爵であった。鳥居は三井《みつい》家戸越《とごし》農園の責任者でもあり、大日本園芸組合の顧問でもあった人物だ。

三井家戸越農園は、荏原《えばら》郡平塚村（現品川《しながわ》区豊町《ゆたかちょう》）にあった熊本藩細川家の戸越屋敷跡の一部、1890年（明治23年）に三井家別邸となっていた場所に、1898年に開設された。花を含めた海外の新品種の試作栽培をするための約500坪の温室を有しており、来賓の接待も目的としていた。マスクメロン協会の所在地はこの三井家戸越農園であった。

三井家別邸の庭園は寄付されて戸越公園に、戸越農園跡地は都立大崎《おおさき》高校になっている。

三越本店でも開催されたメロン品評会

高度経済成長期から昭和の終わり頃まで、デパートの大食堂は庶民が贅沢気分を味わえる憧れの場であり続けた。

日本初の百貨店レストランがオープンしたのは、1922年（大正11年）。日本橋の三越《みつこし》呉服店（現三越本店）が、客寄せ目的で200席の洋食堂を設けたのが最初だ。5階建ての店内は翌年の関東大震災で焼けたものの、軀体《くたい》は残り、その建物が増築改修されていまの姿になった。三越呉服店では、2年後の1924年に、7階の花部での審査会の審査後にこの洋食堂でメロンの切り売りをはじめて実施。張り紙を見た中流の人は、メロンが熱い食べ物か冷たい食べ物かすらわからなかったという。

見慣れない果物には宣伝が必要だと、関係者が気づいた出来事となった。

協会設立後初の収穫シーズン1925年7月4日には、マスクメロン協会が主催した最初のメロン品評会が、同じく三越で開催された。出品点数250、出品者四十数名の規模であった。

大隈邸ではじめて行われた品評会のときと比べて、外観、味ともに著しく進歩していたという。同日、三越の大食堂でメロン試食晩餐会が行われ、こちらには130名あまりが集まっている。規模を拡大したメロン品評会はその後も毎年開かれ、1927年（昭和2年）には生産者が育成した品種が出品されている。西村吉太郎の「瀧王寺」と加藤東七の「東」だ。後に西村は、白肉の「ヒーロー・オブ・ロッキンジ」に赤肉の「スカーレット」を交配した「大井」を育成し、「大井」は白肉の代表品種になった。

1936年の品評会からは静岡県産が躍進。以来静岡県勢が優秀な成績を取り続けた。

なお、一般人が品評会を見ることができるようになったのは、1929年からだ。

こうして品種改良と栽培技術の進歩とともに、マスクメロンは徐々にもらって食べるものから買って食べるものに変わっていったのである。

大正時代のメロンは1玉665万円

メロンを最初に販売したのは、神田の万惣《まんそう》と千住《せんじゅ》の和泉屋《いずみや》であった。

万惣は1846年（弘化3年）に神田須田町《すだちょう》で水菓子屋として開業。1905年（明治38年）に岩崎邸の温室で栽培されたメロンを客寄せの店飾りとして店頭に並べたと伝えられている。メロンの生産者などまだ存在しない時代である。メロンの仕入れ先は温室を持つ貴族か農業試験場でしかありえなかった。

昭和初期には千疋屋も取り扱うようになり、メロンの販売者は、万惣、和泉屋、室町《むろまち》千疋屋（現千疋屋総本店）、中橋《なかばし》千疋屋（現京橋《きょうばし》千疋屋）、新橋《しんばし》千疋屋（現銀座千疋屋）の5店となった。いや、メロンはこの5店しか扱えない品物だったといったほうが正しい。

千疋屋では、大正はじめにメロンを1玉10円で販売した記録が残されている。企業物価指数で比較すると、いまなら1330倍の値段に相当する。仮にいま贈答用のメロンを1玉5000円だとすると、感覚的には1玉665万円に相当するわけだ。

「マスクメロンは果物界の女王」だと、1923年（大正12年）雑誌『農業世界』には記されている。メロン栽培の匠であった五島八左衛門《ごしまはちざえもん》は、1938年（昭和13年）に出版された『マスクメロン』でこう述べている。

「あたかもダイヤモンドでも扱ふやうに、珍奇な貴重品として飾り列べ外観の美を賞し、果より発散する馥郁《ふくいく》たる香気を尊んだ時代でありました」

「アールスフェボリット」登場とその影響

現在の高級マスクメロンの代表格は、アールスメロンとかアールス系と呼ばれる種類だ。アールスとはEarl's Favouriteと綴《つづ》る、伯爵のお気に入りという意味の「アールスフェボリット」という品種名からきている。これは、育成者のヘンリー・W・ワードがラドナー伯爵邸の農園長だったことから名づけられた。

「アールスフェボリット」はイギリスで1895年に育成されてはいたものの、日本には他の品種よりも遅れて入ってきた。1925年（大正14年）、神奈川県の原田邦雄がイギリスのカーター商会から直接導入したのがはじまりだ。外観の美しさと香りではそれまでの品種よりも劣っていた「アールスフェボリット」ではあったが、他の品種よりも栽培しやすく、何より甘く多汁であったため、すぐに「スカーレット」の対抗馬になった。

「アールスフェボリット」がメロン品評会ではじめて1等になったのは、1928年（昭和3

上・アールスフェボリット、下・スパイシー種（農業世界編輯局編『トマトと甜瓜』博文館、1939年、国立国会図書館蔵）

年）。１９３３年頃からは一気に生産が増え、その後は赤肉の「スカーレット」にとって代わり、緑肉の「アールスフェボリット」が主流になった。

メロンが市場流通するようになったのは、１９３０年頃からだ。「アールスフェボリット」が出回りはじめたのもこの頃で、宣伝に真っ先に取り組んだのも万惣であった。以降は、温室メロンは「アールスフェボリット」しか生産されないような状況になってしまうのである。

この少し前からであろう。外国人が母国で食べるよりも日本で食べるメロンのほうがおいしいというようになった。１株に１個しか実をならせない、いまに続く日本独自の栽培方法を、当時のメロン関係者は誇らしげに記している。

一方で、「アールスフェボリット」は甘いが香りが弱すぎると、メロン専門家たち皆が評していた。また「アールスフェボリット」ばかりになってしまった状況を憂えてもいた。

専門家は甘いだけでもの足りないとしたが、一般消費者は「アールスフェボリット」を支持した。これはブドウ「シャインマスカット」がいまいわれている状況とそっくりである。

２　産地の誇りを賭けた品種選定

富士山白雪、クラウンメロンのプライド

福羽逸人は１８９４年（明治27年）に、静岡県安部《あべ》郡三保《みほ》村折戸《むらおりど》（現静岡市清水区折戸）の柴《しば》

田両太郎《たりょうたろう》に、「キングジョージ」「エメラルドジェム」などを栽培させている。1892年に新宿御苑で福羽に学んだ柴田が、福羽が考案した半地下の西洋式温床栽培施設を設置したからだ。半地下式にしたことで保温力が高まった。柴田はその後この温床栽培施設を増設し、最初はキュウリ、続いてトマトの促成栽培に成功した。1916年（大正5年）、柴田はガラス温室での試作も行ったが、メロン生産には至っていない。

現在の温室メロン生産の中心地である袋井《ふくろい》市では、1921年に塚本菊太郎、永井虎三、村松捨三郎によって栽培が始められた。1924年にはマルホ促成温室組合が結成されている。「アールスフェボリット」が導入されたのは1932年（昭和7年）で、その後の静岡メロンの躍進ぶりは先ほど述べたとおりだ。静岡県産のメロンが他産地よりも高品質で知られるようになったのには、この3名が協力し合って温室栽培法を確立したことが大きく貢献している。「アールスフェボリット」のもともとの性質は、日本の春と秋であれば栽培可能だったが、夏の高温条件下ではうまく育てられなかった。雌花がつきにくくなり、たとえ結実しても糖度が上がらなかったのだ。そのため組合では、「アールスフェボリット」に「ブリティッシュクイーン」を交配し、夏に栽培できるように改良しはじめたのである。

静岡県産のメロンは97%が温室で栽培される。これらのほぼすべてが、自分たちで開発した「アールスフェボリット」の改良種。味も日本人の味覚に合うように改良されてきた。いまでは約20もの品種を栽培時期に合わせて使い分けている。春、夏、秋、冬の4作に分けて一年中栽培できるようになったのは、独自の品種改良の成果なのだ。周年栽培に成功したとはいえ、出荷時期は1～5月と8～11月になっている。これもおいしいメロンを出荷するためだ。

農作物の等級は一般的に「秀」「優」「良」の3段階で示されるが、クラウンメロンの等級は、なぜか上から「富士」「山」「白」「雪」の4段階となっている。山が秀、白が優、雪が良に相当する。白が6割程度で、富士は1000個に1個あるかないかの幻のクラウンメロンなのだ。

この等級が定められたのは1958年、10月から静岡県下全組合がこの出荷規格に従った。「クラウンメロン」の名称で販売されるより6年も前の出来事である。

このプライドは、1977年から王冠印のシールの下に生産者番号を記載し、誰が作ったものかを特定できるようにしたことからも伝わる。

「アールスフェボリット」は生まれ故郷のイギリスでは、香りの少なさから人気品種になれず、第2次世界大戦後には販売されなくなってしまった。改良したとはいえ、日本だけが「アールスフェボリット」の果実の基本特性を守った品種を生産し続けているのだ。

メロンの産地は、出荷量の多いほうから茨城県、熊本県、北海道、愛知県、山形県、青森県、千葉県、静岡県と続く。2022年（令和4年）で見ると、茨城県が全体の24・3％、熊本県が17・7％、北海道が14・1％となっている。

茨城県と熊本県は自家用の大衆メロン、北海道の夕張市と静岡県が贈答用の高級メロンと、イメージの打ち出し方も対照的だ。

高級なアールス系の出荷量の比率はメロン全体の約12％で、アールス系だけに限ると静岡県が35・9％、愛知県が23・7％、茨城県が19・4％である。

この順位には、蔓を地面にはわせて横に伸ばすのではなく、ガラス温室のなかで蔓を上に伸ばすという栽培方法で、温室メロンのブランド価値を高め続けてきた静岡県の意地と誇りを感じる。

夕張メロン以前の北海道メロン

静岡県のクラウンメロンに続き、高級メロン産地として全国に名を馳《は》せたのが夕張メロンであった。夕張メロンブランドに対する信頼があってこそ、ふらのメロンや共和町《きょうわちょう》のらいでんメロンなど、北海道産メロンの人気につながった。

北海道におけるメロンの歴史は、「モスクメラン」と記されたマスクメロンが北海道札幌官園に導入された１８７３年（明治６年）に始まる。１９２３年（大正12年）にアメリカ系カンタルーペの「スパイシー」を試作、１９２４年には北海道農事試験場が「スパイシー」を奨励品種に選んでいる。「スパイシー」はアメリカのバーピーが１９１０年に発売した赤肉品種で、メロンではこの１品種のみが奨励品種となった。他の品種は北海道では何ひとつ適さなかった点で、事情は東京・神奈川と大きく異なる。

北海道産メロンは赤肉品種が約９割を占める。これは夕張メロンがつくってくれたイメージに便乗したい気持ちの表れに違いないし、消費者もまたそれを望んでいるためだろう。ただ、本を正せば「スパイシー」の影響だといえる。

北海道農事試験場がメロンの育種に取り組んだのは、１９３５年（昭和10年）からだ。温室メロンと露地メロンのいいとこどりを狙った、「アールスフェボリット」に「スパイシー」を交配した組み合わせが有望であることを、１９４０年に伊藤潔が見出す。これを北海道キング系メロンとして「北海道メロン普及会」を通じて全道で試作し、好結果を得たのだが、太平洋戦争突入で途絶えてしまう。

戦後、農業専門技術員の伊藤正輔《いとうまさすけ》が北海道キング系メロンの試作を再開し、再度の普及に乗り出した。ところが、このとき手をあげたのは夕張市《ゆうばりし》と夕張市農協だけであった。

黒いダイヤから赤いダイヤへ、夕張メロン

夕張と聞けば、条件反射的に山田洋次《やまだようじ》監督、高倉健《たかくらけん》主演の映画「幸福《しあわせ》の黄色いハンカチ」が頭に浮かんでしまう人も多いはず。

北炭《ほくたん》夕張炭鉱が夕張で採掘を始めたのは１８９２年（明治25年）。ちょうど日本にマスクメロンが導入された頃であった。以来約80年間、夕張は石炭で栄えた。

だが１９７０年代以降、観光開発に舵を切った夕張は、苦難の道から逃れられずにいる。夕張炭鉱は次々と閉山し、１９７７年にはもともとの夕張炭鉱はすべて閉山してしまう。「幸福

の黄色いハンカチ」が公開されたのはこの年だ。

10km南の新たな場所で1975年に出炭が始まっていた北炭夕張新炭鉱も、1981年に93名もの犠牲者を出したガス突出事故を起こし、翌年閉山した。

さらに2006年(平成18年)には、行き過ぎた観光開発、不適正な財務処理などがたたって市が財政破綻に追い込まれた。夕張市は現在日本唯一の財政再建団体である。

夕張メロンは赤肉メロンの代表である。それどころか、ブランドメロンの象徴でありメロン界の顔とまで呼んでも決して言い過ぎではない。5月下旬に行われる夕張メロンの初競りの結果は、毎年多くのメディアが取り上げる風物詩だ。史上最高値は、2019年(令和元年)の2玉500万円である。

そもそも夕張は、夕張山地の西側の谷あいに開かれた町である。果てしない大空と広い大地という、北海道のイメージからはかけ離れている。平地は志幌加別川《しほろかべつがわ》と夕張川《ゆうばりがわ》沿いにわずかに広がるだけで、農作物を大規模生産するのに恵まれた条件ではなく、零細農家が多かった。

夕張メロン組合は、人口減少が始まった1960年に17戸の農家で結成された。

先ほどの伊藤正輔がF1(1代交配)品種の育成を指導し、1961年には農協の大村元春と豊田祐一《とよだゆういち》とがそれぞれ育成に成功。行政に頼ることなく、翌年には本格生産に移り、1963年9月に「夕張キング」と命名している。この年から組合員33名での共同選別による全数検査をスタートした。これには反対もあったが、将来を見越し競合産地に勝つために、豊田が農協専務理事として強行したという。

なお、「夕張キング」はＪＡ夕張市オリジナルの品種であり品種名である。夕張キングの商標名が夕張メロンだ。

ビニールハウスで生産する「夕張キング」には、当初着果の問題があった。結実が安定しなかったのである。そこで１９６６年にミツバチを使って受粉させることを思いつく。これはメロン生産では日本初の実施事例となった。

次に豊田は、夕張メロンを日本一のメロンにするとぶち上げ、東京進出を試みた。夕張から東京までは遠い。トラック輸送でも鉄道輸送でも、蒸れによる品質劣化を起こしてしまう。そこで１９７１年からは全日空《ぜんにっくう》を使った航空輸送に切り替えた。

どんな商品であれ、運と勢いだけで確固たるブランドを築けるはずはない。夕張メロンの第一歩は「カボチャのような赤いメロン」と酷評されたところから始まった。さらに「夕張メロン」の商標取得ですら、２度も拒絶されているほどだ。

夕張メロンは全量がＪＡ夕張市を通して出荷される。規格外品でも生産者が直接流通させることはない。もしこっそり流したら除名にするという鉄のルールが存在する。

新品種の投入と栽培技術の進歩により、各産地のメロンは甘くなる一方である。単純に糖度だけで比べれば、かつて甘さを売りにしていた夕張メロンのほうが、逆に大きく差をつけられてしまっているのも事実。ＪＡ夕張市もいまでは、糖度ではなく風味のよさを強調している。

メロンに限らず、果物の品種改良は糖度の高さばかりを競い合っている。数値で品質管理できるメリットはあるものの、果物は嗜好品だからこそ、消費者が求める価値はもっと別のところにあるはずだ。いまの時代は、「夕張キング」のひと時代前の風味が、逆により際立ちはじめているように感じる。

夕張メロンを商品名に謳った菓子やデザートなどの加工食品がある。原料には夕張メロンの規格外品が使用されているわけだが、JA夕張市はここにまで目を光らせている。一定割合以上の夕張メロンを使用することはもちろん、味についてもチェックしており、「夕張キング」のイメージから外れる商品は認められないのだ。

「幸福の黄色いハンカチ」のラストシーンは、青空に濃い黄色のハンカチが列をなしてたなびくカットで終わる。私にはこのハンカチが、どこか人を呼ぶ明るさを感じる夕張メロンの果肉の色に見えてきてしかたがない。

世紀の大発明プリンスメロン

1960年代はじめまで、メロンといえば網目の入ったマスクメロン。これが日本人の常識であった。少なくとも一般消費者には、この常識が覆ると考えた者はいなかったはずだ。

だが変わるときには瞬時に変わる。まるで舞台装置のように。

庶民が気軽に買えるプリンスメロンの出現は、古くは電卓、最近ではLEDのような変化を社会にもたらした。それどころか、一般家庭に浸透した速さは、これらよりもずっと速い。

1962年（昭和37年）「プリンス」発売。開発したのは坂田種苗《さかたしゅびょう》（現サカタのタネ）である。発売初年度、産地は千葉、埼玉、茨城、山梨、神奈川の5県のみ、わずか40haだった栽培面積が、翌年には約600haに急拡大した。そして昭和50年代前半の最盛期には7万8000haにまで達した世紀の大ヒット品種なのだ。この面積は奄美大島《あまみおおしま》よりも広い。

東京オリンピックが開催された1964年には、熊本県知事が「夏みかんに加えてプリンスをもうひとつの柱にしよう」と発言。このひと言で、熊本県が茨城県と並ぶメロン産地になったほどである。

社長の坂田武雄《さかたたけお》は1950年代半ば、パリのホテルのディナーで食べた露地もののメロンがおいしかったために、品種改良に使えるとそのタネを日本に郵送している。即座に研究農場は開発に着手。マクワウリ「ニューメロン」と坂田が送ってきた品種との交配組み合わせが有望なことを見出したのだ。

1959年に正田美智子《しょうだみちこ》さんとご成婚された皇太子殿下が「プリンス」の由来になったといわれることもあるが、これは世の中の勝手な解釈だ。

本当のところは、1961年に横浜市内の果実商の若旦那たち約20名に試食評価してもらったところ大好評。このメンバーの集まりがプリンス会という名称だったためなのである。

坂田が目をつけた品種は公表されていないが、フランス系カンタループの「シャランテ」だろうとメロンのプロなら容易に想像がついた。「プリンス」は類似品種など存在しない空前の大ヒット品種であったから、当然次々と「プリンス」に似た競合品種が登場した。ところが、いずれも耐裂果性の点で「プリンス」に及ばなかったのである。ただの偶然なのか計算ずくだったのかはわからない。結果として坂田マジックと呼ばれる品種がまたひとつ増えたのだった。

「プリンス」はマスクメロンよりも小さく網目模様もなく、外見はマクワウリの親玉にしか見えなかったが、甘い味はまさしくメロンであった。

欠点としては、メロンの重要病害である土壌伝染性のつる割病に弱かったため、「プリンス」はカボチャの台木に接ぐ必要があった。1976年には、うどんこ病やつる割病に対して抵抗性のある「プリンスPF」が発表される。このおかげで接ぎ木が不要になり、こちらが主流に変わった。

Pはうどんこ病（Powdery mildew）、Fはつる割病（Fusarium oxysporum）の頭文字だ。

ネットメロンを庶民の食べ物に変えたアンデスメロン

プリンスメロンは、庶民のマクワウリか金持ちのマスクメロンかといった時代を終わらせた。メロンの大衆化を果たし熱狂的に受け入れられた「プリンス」も、あって当たり前の存在になると、次第に批判にさらされるようにもなった。

人間は欲深い。本物のメロンの味とは違う、見た目はマクワウリでメロンらしくない、などとプリンスメロンに満足できない層が増えてきたのだ。

このような消費者の願望を叶え、ガラス温室でなければ作れないアールス系の温室メロンか、露地のビニールトンネルでも作れるプリンスメロンかの二択の時代を終わらせたのは、またしても坂田種苗であった。

次世代の大衆メロン「アンデス」が商品化されたのは1977年（昭和52年）。「アールスフェボリット」の血を引きながらもビニールハウスで栽培でき、マスクメロンの味と網目模様を実現し、さらに当たり外れがなくどれを選んでもおいしいという新機軸を打ち出した。

アンデスと聞くと南米アンデス山脈との関係を想像するが、まったく関係はない。「つくって安心、売って安心、買って安心」の3つの安心です、から名づけられたのだ。

アンデスメロンは、プリンスメロンの大産地となっていた熊本県、茨城県、山形県が当初から取り組み、各地の環境に合った独自の栽培技術を確立している。品種についても、茨城県では「アンデス5号」、熊本県では「アンデス2号」、山形県では「アンデス1号」が主に栽培されているなど、地域性がある。

なお、アンデスメロンは現在でも日本でもっとも生産量の多い品種となっている。

「アンデス」と似た品種に「アムス」がある。「アムス」は千葉県にある園芸植物育種研究所が、1974年に発表した品種だ。こちらもアムスメロンとして親しまれるほどのヒット品種になった。外見上の違いとしては、「アンデス」にはない緑色の縦縞《たてじま》模様がある。果肉は黄色っぽい「アンデス」と比べてより緑色で、アールス系に近い。「アムス」の名前は、オランダの品種の血が入っていることから、首都アムステルダムにちなんでつけられた。

クインシーメロンの名前の由来

「クインシー」は横浜植木が1989年（平成元年）に商品化した赤肉ネットメロンである。赤肉メロンの果肉が赤い理由は、β－カロテンが多く含まれているからだ。そのためニンジン臭いと感じる人もいた。また、緑肉品種と比べると日持ちが劣る欠点もあった。「クインシー」はこの2つの欠点を解消した品種として、全国で栽培される大ヒット品種になった。ブランド名がなく売られている赤肉メロンは、たいてい「クインシー」だと考えてよい。特に茨城県で多く生産されている。「クインシー」はクイーンとヘルシーからの造語であり、「春のクインシー」「初夏のクインシー」「夏のクインシー」と3品種でシリーズ化されている。

孤児院経営がきっかけで始まった庄内砂丘メロン

山形県庄内地方の酒田市、鶴岡市、遊佐町《ゆざまち》などの海沿いの砂丘はメロンの産地として知られる。山形県の生産量は全国第5位。市町村別生産量で見ても、酒田市が第6位、鶴岡市が第7位と上位につけている。

庄内砂丘は南北に約30㎞広がり、日本で有数の規模を誇る。松林に囲まれ整然と区切られた畑は、庄内ならではの光景だ。江戸時代中期から植林が続けられてきたことに加え、昭和20年代から50年代にかけての砂防林造成によって、砂丘は緑で覆われる農地に変わった。

山形県におけるメロン栽培は、1918年（大正7年）に庄内砂丘で始まった。「スパイシー」などアメリカで育成された品種が試作されたのは、1927年（昭和2年）である。五十《いが》嵐《らし》喜広《よしひろ》が、アメリカから持ち帰った種を播いたのが最初だ。栽培に成功したのは1930年だったと伝えられている。

五十嵐善広は、1872年（明治5年）に西田川《にしたがわ》郡湯野浜村《ゆのはまむら》（現鶴岡市湯野浜）で生まれた社会起業家である。五十嵐は1892年以降、孤児院を各地に創設した児童福祉の先覚者だ。孤児院の七窪《ななくぼ》思《し》恩園《おんえん》を郷里に設立したのは1929年であった。

1931年には七窪メロン研究会を栽培者45名で発足させ、営利栽培をスタートさせた。1933年には生産者は160名にまで増えている。かねてからの地元民の要望が実り、1936年には山形県農事試験場砂丘試験地が開設され、特に露地メロンの研究に力が入れられた。

五十嵐自身は、孤児院経営のためにメロン生産を行った。1935年にはアメリカの社会福祉事業の調査中、カリフォルニアとシアトルさらにメキシコのメロン生産地を視察。新品種の種子を入手してもいる。メロン研究会の会長として五十嵐は、品種選定や品種改良も主導した。

しかし太平洋戦争突入により、庄内砂丘のメロン栽培は中断を余儀なくされる。

七窪メロン研究会の中心メンバーであった斎藤松太郎《さいとうまつたろう》らによってメロン栽培が再開されたの

は、1947年のこと。1949年頃からは、F1品種の育成が試みられた。斎藤松太郎は1964年に「ライフ」を育成し、種苗登録されている。

県奨励品種となった「ライフ」の生産量は増えたものの、日持ちがよくなかったために、東京市場に送るには問題のある品種であった。このとき登場したのが「プリンス」だ。輸送性に優れ市場人気の高い「プリンス」に押される形で、「ライフ」は作られなくなった。

その「プリンス」にしても、1978年からは「アンデス」にとって代わられ、「アンデス」のみが大量に生産される時代に変わった。以降「アンデス」の一大産地として、庄内メロンは順調に発展してきたものの、1997年（平成9年）、1998年に急激な価格低下に見舞われてしまう。首都圏市場における茨城県との産地間競争が激しくなったためだ。

庄内砂丘では、小ぶりだが味がよい昔の「アンデス」にこだわり、いまも「アンデス1号」を生産し続けている。またブランドメロンとしては、緑肉の「鶴姫《つるひめ》」を1998年から、赤肉の「鶴姫レッド」を1999年から、JA鶴岡オリジナル品種として出荷している。

日本一のメロン産地、茨城県鉾田市

都道府県魅力度ランキングは、ブランド総合研究所が2009年（平成21年）から毎年発表している調査結果だ。北海道は15年連続で1位を獲得している。最下位はというと、15回中12回と茨城県のほぼ定位置という状態だ。

メロンの国内出荷量の約4分の1を茨城県が占め、全国1位のメロン産地であることが、まだ日本人の一般常識になっていない。これも原因のひとつなのであろう。

常磐線石岡《いしおか》駅から鹿島灘《かしまなだ》にかけては、緩やかな起伏が繰り返される畑作地帯が続く。しばらく東に向かうと、地面を覆うようにかまぼこ状のビニールハウスが連なる一帯を走ることになる。これこそが日本一のメロン産地、鉾田《ほこた》市ならではの光景だ。

鉾田市は2005年に、鉾田町《ほこたまち》、旭村《あさひむら》、大洋村《たいようむら》が合併してできた市である。

そもそも合併前には、鉾田町と旭村、そしてそれぞれの農協同士がメロン日本一を競い合うライバル産地だったのだから、鉾田市が日本一なのは当たり前の話だ。

この地帯は火山灰が堆積した土地であり、稲作には不向きで、デンプン用のサツマイモや麦類、落花生など、儲からない作物しか作れずにいた。より収益性のある、スイカ、イチゴ、ハクサイなどを栽培しはじめていたタイミングで、メロンという作物に出会った産地なのである。

JA茨城旭村の看板品種のクインシーメロン

旭村（現鉾田市旭地区）で最初にメロンを導入したのは、デンプン用サツマイモの産地であった造谷《つくりや》地区であった。1959年（昭和34年）からマクワウリ「ニューメロン」を栽培していた江沼藤次郎が、1962年に「プリンス」を試作する。翌年生産規模を拡大したところ予想外の売上を得た。1964年には、村内5名とグループを作って東京の江東《こうとう》市場へ出荷。1

966年には35名でプリンスメロン部会を結成するに至った。

1970年からはビニールハウスでの「プリンス」栽培も始まり、関東で先行していた栃木県真岡《もおか》市と千葉県富津《ふっつ》市を抜いた。そして昭和50年代には全国1位の熊本市と肩を並べ、トップのメロン産地にまで成長したのである。

1978年にはアンデスメロン部会が結成され、1982年に県指定銘柄産地の第1号となった。1990年（平成2年）には、「アンデス」のシェアは80％以上に達している。

旭村の特徴は、2003年に光センサー選果システムを全国に先駆けて導入した点だ。光の透過具合から糖度と水分量を測定し、人間の主観を排除して基準値に合格したものだけが出荷される。甘さと熟度について全量データが取得され、品質のトレーサビリティも万全である。

2012年からは、メロンに2次元コードのシールが貼られるようになり、測定日を基準にして最高の食べ頃を調べることもできるようになっている。

JA茨城旭村管内の主力品種は、プリンス→アンデス→アムス→クインシーと変化してきた。現在は、4月中旬の「オトメ」にはじまり「アンデス」「クインシー」「エルソル」、7月以降の「アールスヴェルダ」までのラインアップだ。「オトメ」は県内の大島《おおしま》種苗店とタキイ種苗が協力して商品化した品種。オトメはOshima Takii Original MElonの略だ。早生の「オトメ」の導入によって、この産地では4月中旬からの出荷が可能になった。

現在もっとも生産量が多いのは赤肉の「クインシー」である。同じく横浜植木が育成した緑肉の新品種「エルソル」も増えている。

JAほこたが誇る「イバラキング」

鉾田町（現鉾田市鉾田）にメロンが導入されたのは、1963年（昭和38年）。旭村より1年遅れであった。東野《ひがしの》集落の10名が「プリンス」を栽培しはじめて、産地が作られた。1977年2月に鉾田町農協メロン部会が設立され、翌年には「アンデス」、1982年には「アムス」が導入された。1984年にはメロン部会のなかに研究部が設置され、組合員全体のレベルアップを図る体制となっている。

JAほこたの特徴は、栽培しやすさよりもおいしさを優先して品種を選んでいる点だ。栽培面積がもっとも多い品種が、「イバラキング」になっているのがその証拠だともいえる。

そもそも、生産者メリットと消費者メリットを両立させた品種を育成すること自体が、非常に困難である。BtoBビジネスの育種会社にとっては、どうしても生産者メリットを優先せざるを得ない。また生産者としても、栽培しやすさや収量とおいしさのどちらを取るかの選択を迫られた際に、経営判断として前者を選ぶ場合が多いのだ。JAほこたの攻めの姿勢は珍しい。

さて主力の「イバラキング」である。「イバラキング」は茨城県農業総合センターが開発し、2010年（平成22年）に品種登録された緑肉のネットメロンだ。

「イバラキング」は2021年（令和3年）に「アンデス」を抜いて出荷量1位になった。最大の魅力は、糖度が17〜18度に達するのに、さわやかな風味であること。このおいしさが評判を呼びファンが増えている。

一方で、「イバラキング」には網目がきれいに入りにくいという欠点がある。ネットメロンは、太い傷が入ったような模様になってしまったら商品価値がなくなるが、この症状を起こしやすい。JAほこた管内の生産者でも、絶対に作らないという人と意地になって作り続ける人とに、きれいに分かれるほどだという。

茨城県は「いばらぎけん」ではなく「いばらきけん」と読む。「イバラキング」のキには、県名を正しく声に出してほしいという願いも込められているに違いない。その証拠に、茨城県オリジナルイチゴの品種名も「いばらキッス」なのだ。

2023年、「King of IBARAKING」コンテストがはじめて開催された。初代ゴールドマイスターに輝いたのは根崎直喜《ねざきなおき》。根崎は「イバラキング」導入時に3粒の種の試作から始め、気難しく手間のかかる品種を作りこなし、JAほこたの看板品種に育て上げた功労者である。

「イバラキング」は、生産者の力で一流品種に育ててもらえた品種の一例といえる。

なおアールス系については、JAほこたもJA茨城旭村もどちらも、萩原《はぎはら》農場が2013年に商品化した「アールスヴェルダ」を主力品種としている。いまや「アールスヴェルダ」は日本で最も生産量の多いアールスメロンだ。

プリンスメロンがきっかけで大産地になった熊本県

熊本県はスイカの生産量日本一。メロンは茨城県に次ぐ第2位である。主産地は熊本市、宇城市、八代市だ。これらの3市よりも生産量は少ないのに、北部の菊池《きくち》市は知名度で上をいく。

熊本県におけるメロン栽培のパイオニアは、1932年（昭和7年）に菊池市に現れた。愛知県立清洲《きよす》園芸試験場で研究生になった有働貫一《うどうかんいち》が、砦村《とりでむら》（現菊池市七城町岡田《しちじょうまちおかだ》）の実家に戻って小さなガラス温室を建設。「アールスフェボリット」と「スカーレット」を生産しようとした記録が残る。しかしこのときにはほかにメロンを栽培しようとする者は現れなかった。

結局、産地としてメロン生産に取り組むのは、1963年に秋岡勉《あきおかつとむ》を中心に6戸が「プリンス」を栽培するまで待つことになる。意外にも熊本県におけるメロンの普及は遅かった。その後生産者は順調に増え続け、七城町のメロンは県内で知名度を高めていった。

七城メロンが全国区になれたのは、2つの出来事のおかげだ。ひとつは1986年の「肥後グリーン」の導入である。「肥後グリーン」は濃い緑の地肌に細かな網目が入るのが特徴の緑肉メロン。奈良県の松井《まつい》農園が育成し、1989年に命名された熊本県限定品種である。

次が1995年に特産品センターとして、選果場の隣にオープンしたメロンドーム（現道の駅七城メロンドーム）だ。マスクメロンの頭が3つ並ぶ外観が印象的なメロンドームは、菊池渓谷や菊池阿蘇《あそ》スカイラインに向かうドライブコース上にあることからも、人気を集めている。買い物客のお目当てはもちろん七城メロンだ。それ以上にお客を引きつけているように見えるのが、自慢のメロンの果肉や果汁をたっぷり使ったオリジナル商品の数々。九州の道の駅人気ランキングで、メロンドームが上位に入るのもうなずける。

七城町特産の「キンショー」メロンを「幸せの黄色いメロン」のブランドで販売している、板井《いたい》園芸組合の存在もユニークだ。

「キンショー」は「プリンス」の登場6年後の1968年にデビューした、奈良県スペインメロン社の東田昇が育成した品種である。奈良県在来の大型黄マクワ（金マクワ）と自社育成「スペインメロン4号」の組み合わせで、見た目は真っ黄色なプリンスメロンだ。キンショーは金鐘《きんしょう》からきている。果実の色形と東大寺《とうだいじ》の前身とされる金鐘山寺《きんしょうさんじ》にちなんだのであろう。

後味がさわやかな「キンショー」には、古い品種ながらいまも根強いファンがついている。

メロンの食べ頃とT字型の蔓の呼び名

西洋ナシと並んでメロンは、食べ頃に悩む果物だ。なにしろ一番おいしい状態の判断が難しい。早ければもの足りないし、遅れて過熟にしてしまうと発酵臭が気になる。メロンが敬遠される原因だ。

安心しておいしいメロンを食べるには、ちょっとしたコツがある。これさえ知っていれば、残念な思いをするリスクを大幅に減らせる。

緑肉と赤肉では味も食感もかなり違う。まずは自分の好みがどちらだかを知っておこう。赤肉のほうが香り豊かだと感じる人もいるし、逆に変な臭いがすると感じる人もいる。これは赤肉メロンに多く含まれているβ－カロテン由来のにおいのせいだ。β－カロテンには体の中の活性酸素の発生を抑え、取り除く働きがある。これを赤肉メロンは100gあたり3600μgも含んでいる。その量はじつに140μgの緑肉メロンの約26倍。温州みかんが180μg、青果のカキが160μg、干し柿ですら370μgなのにだ。驚くことに赤肉メロンは西洋カボチャの2500μgよりも多いのである。ニンジンはさすがで、6900μgの含有量を誇る。

そして、買ったりもらったりしたらすぐに食べると決めることだ。いまは出荷規格が厳密になっているために、食べるには早すぎるメロンにあたる危険性は少なくなっている。収穫後に糖度が上がることはないと知っておくことも重要だ。果肉の柔らかさの調整だけだと考えれば、過熟させておいしくなくしてしまうよりも早く食べてしまおうと考えられるはず。特に硬めが好きな人は、即食べるに限る。また、冷蔵庫には食べる2時間ぐらい前に入れて、冷やしすぎずにほどよく冷やすのも、よりおいしく食べるコツである。

高級メロンにはT字型の蔓がついている。たしかにあれがあるのとないのとでは、印象が大きく変わる。お子様ランチに、旗が立っているか立っていないか以上にだ。

この蔓はメロンのプロには「アンテナ」と呼ばれることが多い。「竜頭」「トンボ」「へた」「ツル」と呼ばれることもある。地域性があるのがおもしろい。

北海道ではT字のほうを正面に見ていなかったのだろうか。90度回してのイメージなのか、

「ちょんまげ」と呼ぶのが一般的だったりするのだ。

マスクメロン型容器入りシャーベットアイス

本章は、懐かしいシャーベットアイスの話で締めることとしよう。マスクメロン型の成型容器に入ったメロン風味のシャーベットについてだ。

間違いなくあの容器には、子どもの心を奪う何かがあった。ひと目見て買ってほしくてたまらなくなった記憶が蘇った人も案外多いのではないだろうか。他の果物の形だったら、ここまでの魅力は感じなかったはずだ。

マスクメロン型の容器を使うというアイデアを、どこのメーカーが最初に実現したのかははっきりしない。初期に発売して以来ずっと販売が続いているのは、1972年（昭和47年）に商品化された井村屋《いむらや》の「アイスメロン」である。看板商品「あずきバー」よりも1年早い。

当時といえば、マスクメロンは大人ですらまだまだ滅多《めった》に食べる機会のなかった高級品。井村屋では、子どもたちがメロンを食べた気分になれるようにとの思いから、メロンをイメージした味のシャーベットアイスを開発したのだという。

1989年（平成元年）に「メロンボール」と名称変更した際に、井村屋はそれまで無果汁だったシャーベットに国産メロン果汁を5%加えるリニューアルを行った。

第6章　モモ――神聖な果実から人間との共生を選んだ植物

関ヶ原の東側には桃配山《ももくばりやま》という地名がある。標高104mのこの山は、1600年（慶長5年）、関ヶ原の合戦で徳川家康が最初に本陣を敷いた場所だ。

一説によると、桃配山という名は、天智《てんじ》天皇死後の皇位をめぐり、弟の大海人皇子《おおあまのおうじ》と息子の大友皇子《おおとものおうじ》が争った壬申《じんしん》の乱中の出来事にちなむらしい。壬申の乱は672年に起きた日本古代史上最大の内乱である。大海人皇子が本営とした仮の宮殿である野上行宮《のがみあんぐう》から出陣した際に、不破《ふわ》の地に最初の陣をはった。このとき、大海人皇子は村人から献上された桃を兵に配って士気を高めたとも言い伝えられている。皇位を継承した天武《てんむ》天皇は、勝利した大海人皇子である。

関ヶ原の合戦は、家康にとって一世一代の大勝負、天下分け目の大戦であった。この桃の故事すら家康は味方にしようとしたとも考えたくなる。

そもそもモモは、古より魔を払う神聖な果実とされてきた。その原産地は中国北西部、黄河《こうが》上流域の標高600～2000mの高原地帯だとされる。日本には縄文時代には伝わっていたから、カキよりも早い。ただこの頃導入されたモモの実は、ハナモモやいまのウメの実程度でとても小さく、果物として食べるにはあまり適していなかった。モモの果実が一気に大きくなったのは、明治以降の話。中国から新たにもたらされた品種のおかげなのだ。

モモならではのうれしさは、とろけるような果肉としたたり落ちる透明な果汁につきる。もちろんなぜか幸せな気持ちになる甘い香りもだ。食べるときには忘れているが、果皮にびっしりと生えている産毛だってモモの個性を際立たせてくれている。

日本語でモモと呼ばれるようになった由来ははっきりしない。「真実《まみ》」からきたとか「百《もも》」からきたとか、さまざまな説がある。

ところで、すべてのひらがなには由来となった漢字がある。「あいうえお」が「安以宇衣於」のようにだ。「も」の場合は「毛」になる。918年（延喜《えんぎ》18年）に深根輔仁《ふかねのすけひと》によって編纂された『本草和名《ほんぞうわみょう》』には、モモは万葉仮名で「毛々」と記されている。カキは「加岐」、ナシは「奈之」だ。産毛の特徴を表現したかったからなのだろうか。「も」の音に最初に「毛」を充てた人のセンスのよさには驚かされる。

夏桃はまだ毛の多き苦さ哉

正岡子規の句である。

1　空想の世界の果実から甲州八珍果まで

孫悟空が食べた蟠桃

孫悟空《そんごくう》が食べたモモは「蟠桃《ばんとう》」という。おなじみ『西遊記《さいゆうき》』の一場面で、西王母《せいおうぼ》とともに登場するモモだ。

道教《どうきょう》における西王母は、女仙を統括する最高位の女神であり、天界につながる崑崙山《こんろんさん》の支配者である。

さて、下界で暴れ回っていた孫悟空をおとなしくさせようと、最高神である玉帝《ぎょくてい》は、孫悟空に斉天大聖《せいてんたいせい》という称号を与えたうえで、西王母が所有する蟠桃園の管理を命じる。この蟠桃園には3600本の特別なモモの木が植えられていた。手前の1200本は実が小さく3000年に一度熟し、これを食べた者は仙人になれ、中ほどの1200本は6000年に一度熟し、これを食べた者は長生不死となり、奥の1200本は9000年に一度熟し、食べた者は天地と歳《とし》を同じくするだけの命を得ることができるというものだ。

西王母の誕生日を祝う会を蟠桃会といい、超一流の神々が集まり皆で蟠桃園のモモを食べるのが習わしであった。ところがこの会に招待されなかった悟空は腹を立て、蟠桃園に忍び込んで9000年に一度熟すモモを食べつくしてしまう。悟空は天界から追放され、釈迦《しゃか》によって五行山《ごぎょうさん》に封じられる。が、500年後に三蔵法師《さんぞうほうし》によって助け出された。ここからいよいよ悟空の大冒険が始まることになる。

「蟠桃」という名前の品種はいまも存在し、日本でも生産されている。果実はつぶれた円盤状で、モモには見えない形だ。この品種としての「蟠桃」は、中国では遅くとも16世紀には存在が確認されている。ただ残念ながら、この「蟠桃」と孫悟空が食べた蟠桃とのつながりはおそらくない。

西王母の誕生日についても触れておこう。3月3日。この日は中国でも日本でも桃の節句になっている。

世界に類を見ない「桃太郎」の登場シーン

西遊記に限らず、世界各地には語り継がれてきた神話や昔ばなしがある。たとえ地球の反対側ほどに離れている地域であっても、これらには多くの共通点があることが指摘されている。

日本5大昔ばなしといえば、「桃太郎」「かちかち山」「舌切り雀《したきりすずめ》」「花咲爺《はなさかじじい》」に「さるかに合戦」だ。このなかから一番有名な話を選ぶとしたら、「桃太郎」に違いない。特に子どもたちからの支持は「桃太郎」が絶大なはずだ。

「桃太郎」にも、似たような話は世界中にたくさんある。ただ、冒頭のシーンについてはどうやら日本オリジナルのようなのだ。

民俗学の父と称される柳田国男《やなぎたくにお》は、『桃太郎の誕生』のなかで、「桃が川上から流れてきてその中に赤児があり、それで桃太郎と名を付けたという点ばかりは、隣近民族にもその類似のものを発見せられていないから、たぶんはわが国において新たに出現したものであり、したごうて同胞国民の間に、その原因を探り求むべきものであったろう」と述べている。

日本人が特に『桃太郎』に惹《ひ》かれてしまう理由は、案外こんなところにあるのかもしれない。

縄文時代の遺跡から大量に出土した桃核

吉備《きび》の国は、各地に伝わる桃太郎伝説のなかで、もっとも有名な場所だ。吉備津彦命《きびつひこのみこと》が温羅《うら》と呼ばれた鬼を退治したと伝えられ、この伝説が昔ばなしの桃太郎の原型になったとされる。桃太郎がイヌ、サル、キジを従えた際に使ったきび団子の「きび」も、吉備の地名に由来するとまでいわれている。

吉備国の中枢は、いまの岡山県岡山市、倉敷《くらしき》市、総社《そうじゃ》市にかけてであった。総社市内を北から見下ろす位置にそびえる古代山城は、その名も鬼城山《きのじょうさん》（鬼ノ城《きのじょう》）。しかも造られた目的はいまだに謎に包まれたままなのである。

また、岡山県内では22遺跡から1万3000個を超えるモモの核が出土している。これは全国でもけた違いの多さであり、このあたりの地域とモモとは何か特別な関係性がありそうだ。

特に倉敷市の上東《じょうとう》遺跡からは、1997年（平成9年）に9608個もの桃核が発見された。

さらに岡山市の津島《つしま》遺跡からも、2000年に2415個の桃核が出土した。時代はどちらも弥生後期だ。

桃核とは種子のように思える硬い殻の部分を指し、種子はこの殻の内部に入っている。

これまで発見されたもっとも古い桃核は、縄文時代前期のものである。大村湾《おおむらわん》南奥の海岸に面した、長崎県諫早《いさはや》市多良見町《たらみちょう》の伊木力《いきりき》遺跡からだ。時代はじつに約6000年前であり、モモはカキよりも早く伝わっていた証拠となっている。

甲州八珍果（峡中八珍果）には何が選ばれたか

甲州八珍果という言葉がある（峡中八珍果ともいう）。これは江戸時代に山梨名産としてよく知られた8つの果樹を指す。

甲州八珍果には、甲斐国を与えられた浅野長政《あさのながまさ》が、1594年（文禄《ぶんろく》3年）にブドウやモモなどの栽培を奨励しており、これを起源とする説や、1704年（宝永元年）から1709年まで甲府藩主であった柳沢吉保が、江戸へのプロモーションとして使いはじめたとする説などがある。

1848年（嘉永元年）に出版された大森快庵《おおもりかいあん》の『甲斐叢記《かいそうき》』には、峡中八珍果として、林檎《りんご》、柿、柘榴《ざくろ》、栗、葡萄、梨、銀杏《ぎんなん》、桃の順でイラストつきで紹介されている。それも第一巻冒頭の国名の説明直後にだ。

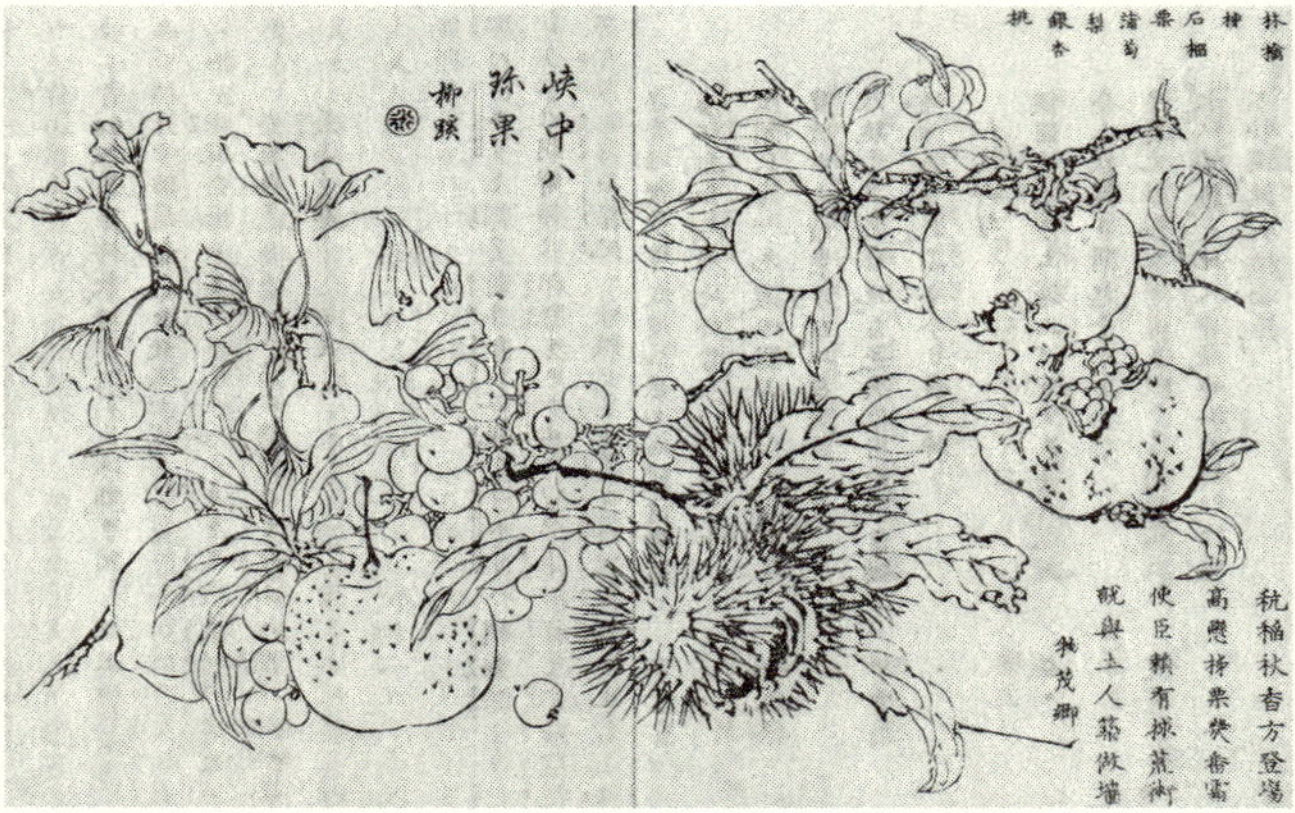

甲州八珍果（峡中八珍果）（『甲斐叢記』、国立国会図書館蔵）

山梨県といえばフルーツのイメージがとても強いが、江戸時代後期にはすでにそのようなイメージを持たれていたのである。

2　現代品種の生みの親は上海水蜜桃

上海水蜜桃と天津水蜜桃の登場

現代のモモの重量は、Lサイズが300g前後でSサイズが200g前後だ。ところが明治30年頃までのモモといえば、25〜75g程度とスモモと同程度の重さ・大きさでしかなかった。日本の古い品種よりもずっと大きな実をつける「上海《シャンハイ》水《すい》蜜桃《みつとう》」と「天津《てんしん》水蜜桃」が明治時代半ばに普及するまでは、日本のモモはまだまだ小さかった。

1873年（明治6年）にまずは欧米で改良された品種が導入され、内藤新宿試験場（現新宿御苑）に植えられた。中国生まれの「上海水蜜桃」

天津水蜜桃（石井勇義著、福羽発三校訂『原色果物図譜』誠文堂新光社、1935年）

と「天津水蜜桃」の導入は翌々年である。

1875年5月から、勧農局の武田昌次《たけだまさじ》と岡毅が清《しん》国《こく》の産業調査を行っている。このとき、絵を学ぶために前年から清国に滞在していた衣笠豪谷《きぬがさごうこく》が、現地で通訳として雇われた。10月30日に3人が上海港から帰国する際に、「上海水蜜桃」と「天津水蜜桃」の優良個体の穂木を竹の杖《つえ》のなかに忍ばせて持ち帰り、同じく内藤新宿試験場に植えられたと伝えられている。

これが本当の話なのか成果を誇張するための作り話なのかはわからない。いずれにせよ、これらの品種の導入が簡単ではなかったのは事実だろう。

内藤新宿試験場では、これらの2品種は果実を完熟させるまでにはいたらなかった。はじめて収穫できたのは三田育種場で、1878年のことであった。その後三田育種場で増やされた「上海水蜜桃」と「天津水蜜桃」の苗木は、各地での試作に用いられた。

衣笠豪谷はといえば、帰国後に勧業寮職員となり、三田育種場を開設した前田正名にも仕えている。だが衣笠は43歳で退官し、南画家《なんがか》として活躍する道を選ぶのである。モモに対する思い入れも強かったのだろうか。モモの写生も多い。

日本人のモモを大きくした2品種は、優れた特性を有していたが欠点もあった。

「天津水蜜桃」は病虫害に強く豊産であったため期待されたが、赤い果肉は硬く、果汁も少なかった。昔の絵に描かれたモモの実や長崎の桃カステラの先がとんがっていたのは、「天津水蜜桃」の形の名残である。桃太郎が生まれたモモのイメージもそうだ。

正岡子規は亡くなった１９０２年の夏に、果物と野菜を18種類描いている。「天津桃」の絵は7月22日だ。

「上海水蜜桃」は「天津水蜜桃」よりもさらに果実が大きく、果肉は白肉で柔らかく多汁で、日本人のモモに対するイメージを一変させた。だが晩生で病虫害に弱かったうえに、結実が安定しなかった。ただ品種改良の観点からは、この「上海水蜜桃」は現代品種の始祖として極めて重要な役割を果たしている。

モモの場合は、欧米から導入した品種のなかにも日本の環境に合うものが少なく、日本で育成された品種の登場が早くから待ち望まれていた。

川崎で生まれた「伝十郎」と「橘早生」

日本で育成された最初の大ヒット品種は川崎で生まれた。「伝十郎《でんじゅうろう》」である。

ナシの産地として有名であった橘樹《たちばな》郡大師《だいし》河原村《がわらむら》はモモの産地でもあり、「上海水蜜桃」と

「天津水蜜桃」もすぐに導入されている。ただどちらもこの地域での評価は低かった。
「伝十郎」は、1896年（明治29年）に大師河原村の西隣、橘樹郡田島村《たじまむら》で発見された。発見者は吉沢寅之助《よしざわとらのすけ》である。桜井佐七が保有していた早生品種の穂木を、自園の樹に接いだところ、大きくて色づきよくおいしい実がなったのだ。もとの品種よりも収穫時期は遅くなったものの、その実は当時の品種と比べてはるかに性質が優れていた。

1902年に吉沢寅之助は、この品種に父の伝十郎から一字を取って「伝桃」と名づける。のちに「伝桃」は「伝十郎」と呼ばれるようになったのだが、隣村で先に発見されていたナシ「長十郎《ちょうじゅうろう》」に影響されてのように思える。

さらに吉沢は「伝十郎」の実生のなかから、1910年に早生の「橘《たちばな》早生」を育成する。「橘早生」の命名者は農商務省の技師恩田鉄弥であった。このときすでに岡山で発見された「白桃《はくとう》」も栽培されており、「白桃」が早生になれば理想的な品種だと考えられていた。このような状況下で「橘早生」は登場し、実際に神奈川県では「白桃」よりも優れた特性を示した。

だが川崎の沿岸部は工場進出と市街化が進み、産地は川崎の内陸に移っていく。また藤沢から平塚《ひらつか》に至る湘南《しょうなん》地方も、川崎周辺よりも温かく1週間早く出荷できる地の利を生かして、新たなモモの産地となった。

こうして神奈川県でのモモ栽培は1931年（昭和6年）頃にピークを迎え、岡山県を抜き日本一の生産量を誇るようにまでなったのである。1934年には「橘早生」と「伝十郎」が生産面積トップ2を占めていたと記録されている。

2人のヒーロー、山内善男と大久保重五郎

日本のモモ生産を語るうえで、決して忘れてはならない人物がいる。岡山県の山内善男と大《おお》久《く》保《ぼ》重《じゅう》五《ご》郎《ろう》だ。

御津郡野谷村栢谷（現岡山市）の山内は、1844年（弘化元年）生まれ。栽培技術のヒーローだ。すでに述べたようにブドウ「マスカット・オブ・アレキサンドリア」栽培を成功させた人物でもある。山内は1878年（明治11年）に天瀬《あませ》勧業寮試験場から、「上海水蜜桃」と「天津水蜜桃」の2本の苗木を受領し、栽培を始めている。1881年には11個の果実を初収穫し、天瀬の高級旅館「三好野《みよしの》」に卸した記録が残る。「三好野」は三好野本店と名を変え、いまは地元食材を使った弁当の製造販売会社として240年を超える家業を守り続けている。

モモ栽培の一番の問題は、果実の病虫害を防ぐ方法がなく、年によっては果実の多くが売り物にできないリスクがつきまとっていたことである。翌1882年に、山内は果実の品質を高める画期的な方法を試して成功する。ナシの袋掛けをまねて、モモにも袋掛けをしてみたのだ。これにより病気だけでなくシンクイムシ類の被害も防げることがわかり、さらに袋掛けによって果皮が白くなることまで発見している。こうして袋掛けはいまに続くモモ栽培の基本技術となった。一方で、いまもってモモ栽培で一番時間を要する作業でもある。

もうひとりの大久保重五郎は、1867年(慶応3年)に赤磐《あかいわ》郡可真《かま》村《そん》(現赤磐市)の農家に生まれた。大久保は品種改良のヒーローだ。1901年には、もらった「上海水蜜桃」の実の核を播き育てたもののなかから「白桃」を育成したのである。「白桃」は農家泣かせの炭疽《たんそ》病《びょう》にも強い品種であった。日持ちがよかったため、岡山から東京への初出荷を実現させた功績もある。「白桃」は「上海水蜜桃」よりも甘みが強いうえに食感がよく、最高の水蜜桃と評判になり栽培が広がった。

さらに大久保は「離核《りかく》」と「白桃」とを交配し、「白桃」を超える早生で豊産の画期的な新品種を育成する。1927年(昭和2年)に「大久保《おおくぼ》」と命名されたこの品種は、日本において、勝手になった果実の種を育てる選抜育種ではなく、意図した両親を交配してできた種を育てる交雑育種で得られたモモの最初の品種なのだ。「大久保」は「白桃」よりも果実が大きく日持ちするのが特徴で、昭和30年代から1984年頃まで、もっとも栽培面積の広い品種であり続けた。また「大久保」は、ちょっと触れただけで傷んでしまっていたモモの輸送性を高めた品種でもある。缶詰用と生食用の両方に用いられ、45%のシェアを占めた「大久保」ではあったが、「白鳳《はくほう》」の登場により生食用は「白鳳」に代わられた。

一方で「大久保」は、核が離れやすかったため加工向け品種としてその後も栽培し続けられた。そしてあの大ヒット商品の原料にもなっている。1964年に不二家が発売したネクターピーチがそれだ。

岡山の果樹栽培の先駆者として、大久保重五郎の師匠であった小山益太《こやまますた》にも触れておきたい。小山益太は1888年にはブドウ、翌年にはナシ、翌々年にはモモの栽培を始めている。ナシの栽培は県内最初であった。

小山はモモの品種改良の必要性に真っ先に気づき、実生を育てて1897年には黄桃の「金桃《きんとう》」を育成している。

岡山の白桃をブランディングした松田利七

果皮に紅がまったく差していない白桃を見ると、条件反射的に高級なモモだと感じてしまうのはどうしてなのだろうか。

ただひとつ惜しみて置きし白桃のゆたけきを吾は食ひをはりけり

これは斎藤茂吉《さいとうもきち》の歌集『白桃』のなかの一首である。この短歌を発表したのは1933年（昭和8年）だから、この白桃は大久保重五郎が育成した「白桃」そのものであったかもしれない。

岡山産の白桃が高級桃として定着したのは、どうも松田利七《まつだりしち》という男のせいらしい。松田は、1913年（大正2年）に「初平《はっぺい》」という店を開いた人物だ。

1880年（明治13年）生まれの松田は農家出身だが、1902年に渡米し、スタンフォード大学で社会応用学を専攻する。だが病気により中退、帰国して岡山県立工業学校で英語の教師をしていた。その後、岡山市内山下《うちやました》にあった親戚の青果店を引き継いだのである。松田はこの店を岡山産の高級果物と珍味の専門店「初平」に変え、まだ珍しかった通信販売事業にも乗り出す。取り扱うモモ、ブドウ、ナシについては、直営果樹園で自ら栽培するほどの熱の入れようであった。

特にモモに対するこだわりはすさまじく、自分で品定めした最高の出来の白桃を、日本を代表する文化人、政治家などに贈っていたほどだ。こうしてモモの契約栽培を増やしていった。よい味のモモに仕上げるために使った肥料は、異常なほどのこだわりが詰まった自家製。カラスミ、コノワタ、カズノコなどまでを配合していたという。

岡山の白桃のブランディング目的であったのだろう。初平のモモは天皇にも献上された。松田利七については、開高健《かいこうたけし》が『新しい天体』のなかで、13ページにわたって1972年の初平の様子を、まるで動画を見ているかのような筆致で記録してくれている。

つつましやか。華やか。荘厳。どの評語にもあたらない、ただの農産物のタネ屋のようなその店へ入っていくと、薄暗いなかで二、三人の事務女がソロバンをはじいたり、伝票を繰ったりしている。店の土間には何か箱が並べてあって、夏ミカンやグレープ・フルーツなどがころがっている。埃《ほこり》っぽい棚にはいくつかの壺《つぼ》が並んでいて、ぞんざいに、『アミ塩辛』とか、『アユ、うるか』などと書いた紙が壺に貼ってあり、壺がならんでいるいきおいよりはむしろ壺と壺のあいだによどむ陰翳のほうが気になってくる。そういうなかで、彼が入ってくるのを見て、一人の、背の高い、頑健そうな、坊主頭の、柔和だがどこかしぶとそうな眼つきをした初老の男がたちあがってきた。

岡山駅ホームの桃娘

いま私たちにとって白桃の代名詞となっている品種は「清水白桃《しみずはくとう》」である。「清水白桃」は、１９３２年に岡山市芳賀清水《はがしみず》（現岡山市北区芳賀）の西岡仲一《にしおかなかいち》によって育成された。「白桃」と「岡山３号」が植えられていた畑で、西岡仲一が発見した苗を育てて作りだした品種だ。きめ細かくなめらかな果肉に香りのよさ。くわえて「清水白桃」は「白桃」よりも甘かった。「白桃」には、晩生なうえに花粉がなく人工授粉が必要だという欠点があった。この点も「清水白桃」は改良されている。

鉄道弘済会と岡山県園芸組合連合会も、特産のモモのPRに取り組んでいる。1952年7月に始めた桃娘（ミス・ピーチ）のキャンペーンがそうだ。オーディションを勝ち抜いて桃娘に選ばれた4名が、岡山駅の山陽本線ホームで特急や急行の乗客に対して窓越しに、もぎたて選りぬきの「白桃」を販売したのである。これが乗客に大好評となり、以降、岡山駅の夏の風物詩となった。1956年9月からはマスカット娘も登場している。

佐久盆地をモモの産地に変えた塩川伊一郎父子

明治時代に神奈川県や岡山県と違った動きをしたモモの産地がある。それは長野県だ。

小海《こうみ》線は山梨県の小淵沢《こぶちざわ》駅から長野県の小諸駅を南北に結んでいる。清里《きよさと》駅と野辺山《のべやま》駅の間には、標高1375mというJR鉄道最高地点がある。北側の小諸駅〜小海駅間は、1919年（大正8年）に佐久《さく》鉄道として先に開通したのだが、その目的はモモの運搬であった。

小海線三岡《みつおか》駅と千曲《ちくま》川《がわ》の間にはかつて森山村《もりやまむら》（現小諸市森山）があり、佐久盆地をモモの一大産地にした塩川伊一郎がいた。この地にイチゴジャム工場を造ったあの塩川である。

塩川伊一郎は1846年（弘化3年）生まれで、棟梁《とうりょう》をするかたわらカキやウメの接ぎ木苗を作っていた。1869年（明治2年）生まれの息子の勝太が、父のために東京で買ってきた『舶来果樹要覧』を見て、リンゴ栽培に乗り出す。三田育種場からリンゴの品種を取り寄せ、自ら苗木を作り、1889年には、森山村から西に約35㎞離れた丸子《まるこ》村（現上田《うえだ》市）三才山《みさやま》峠《とうげ》に４０００本の苗木を植えてリンゴ園を開設したが失敗し、５年後に断念した。このときにモモも試して失敗している。

だが、塩川父子は諦めなかった。１８９６年に6人の仲間と森山村でモモ栽培に乗り出したのである。このときには「天津水蜜桃」「上海水蜜桃」など、７５０本を植えた。

神奈川県や岡山県とは異なり、北佐久《きたさく》地方では、中国系品種ではなくフランス系の「アーリーリバー」系を増やしていく。これが「浅間《あさま》水蜜桃」と名づけられ、「日の丸」とも呼ばれた「アムスデンジューン」とともに2大主要品種となった。

塩川たちはモモを東京で売ろうとしたが、運搬中の荷傷みを理由に買い叩かれてしまい、商売的にはうまくいかなかった。そのため１９００年からモモの缶詰製造に乗り出した。

翌１９０１年には日本桃養合資会社を設立し、モモ缶だけでなく、イチゴジャムやゼリー製造も開始した。１９０４年にはこの会社を辞し、塩川缶詰合名会社を興している。

塩川は自らモモの剝皮器と核抜器まで発明した。これにより作業効率が5倍に高まったという。この2つは１９０５年に専売特許を取得している。

翌１９０６年に塩川は没した。墓石はモモがデザインされており、戒名は創栽桃仙居士だ。どちらからもイノベーターらしさが伝わってくる。

「白鳳」を育成したのは神奈川県

おそらく日本で一番有名な品種の「白鳳」を育成したのは、神奈川県農事試験場（現農業技術センター）である。

神奈川県がモモの品種改良に着手したのは1917年（大正6年）。「白桃」に「橘早生」が交配されたのは1925年で、「白鳳」が育成されたのは1933年（昭和8年）だ。もう90年以上も、国内最高の品種のひとつとして君臨し続けていることになる。

「白鳳」が育成された頃、神奈川県は「橘早生」と「伝十郎」のおかげで日本一のモモ産地となっていた。だが、高級路線の岡山県産「白桃」に関東市場を席巻《せっけん》されてしまってもいた。「白桃」キラーとして登場した「橘早生」も、店頭価格では「白桃」に勝てなかったのである。

「白鳳」は「白桃」よりも大きさ、甘さ、食味を高めた品種。栽培性も優れており、全国で栽培されるようになった。多くの人がイメージするモモの味も「白鳳」である可能性が高い。

「白鳳」からは、「日川白鳳《ひかわはくほう》」を筆頭に枝変わり品種がたくさん生まれていることも特徴だ。「白鳳」の原木は農事試験場跡地にできた二宮《にのみや》果樹公園にあり、同じく神奈川県農事試験場が育成したナシの「新高《にいたか》」「菊水《きくすい》」とともに保存されている。

甲府盆地は日本の桃源郷

山梨県のモモの収穫量は全国1位で、2022年（令和4年）のシェアは31％だ。2位の福島県は24%、3位の長野県は10%となっている。神奈川県はいまや40位以下に沈む。

山梨県内の産地は、甲府市を囲むようにして甲府盆地に広がる。4月上旬にはモモの花がいっせいに咲き、あたりは一面ピンクで埋めつくされる。日本の桃源郷と呼ばれるのも納得だ。盆地は雨が少なく寒暖の差が大きい。甲府盆地を流れる釜無川《かまなしがわ》と笛吹川周辺は、扇状地となっていて傾斜地が多く水はけがよい。いや、かつては干ばつで悩まされ、農作物の生産には向かない地域であった。それが国の灌漑《かんがい》事業によって、果物生産に向く土地に変わったのだ。

山梨県のモモ栽培は、1900年（明治33年）に中巨摩《なかこま》郡西野村《にしのむら》（現南《みなみ》アルプス市）に導入されたのが最初である。

市町村別生産量で全国1位の一宮町（現笛吹市一宮）にモモが植えられたのは、それから30年後の1930年（昭和5年）。加藤重春が岡山から「白桃」「大久保」などを導入したのがはじまりとなった。1960年代にさらにモモ栽培が盛んになった一宮町は、1987年には「日本一桃の里宣言」をした。

福島市民は全国平均の5・8倍モモを食べる

福島県のモモの栽培面積は全国2位。産地は、福島市、伊達市、桑折町《こおりまち》、国見町《くにみまち》といった中通《なかどお》りの県北エリアに集中している。県内のモモ畑は、1905年（明治38年）頃から徐々に面積を広げてきた。伏黒村《ふしぐろむら》（現伊達市伏黒）や上保原村《かみほばらむら》（現伊達市保原）は大正時代、「天津水蜜桃」の産地として有名であった。その後「大久保」が導入され、缶詰用の生産量が増えた。実際に福島県がモモの大産地に変貌したのは戦後のこと。主力であった養蚕業が衰退し、モモが儲かることがわかったためだ。桑畑がいっせいにモモ畑に変わったほか、新たにモモ畑が開墾された。福島盆地がモモに向く環境であったこともこれを後押しし、「白鳳」が多く植えられた。

モモ産地としての福島県の知名度を高めたのは、1963年（昭和38年）に岡山県をまねて始めた桃娘によるPR活動の効果も大きかった。当初は福島駅構内でのモモの販売を担当し、特急の停車時間中にホームで乗客にモモを売る姿が大きな話題となった。1965年にはピーチガール、1975年にミスピーチと名称を変更しながら、現在ではモモに限らず福島県の果物を全国にPRするミスピーチキャンペーンクルーとして活動は続けられている。

共同通信が、県庁所在地に政令指定都市5市を加えた52都市の、2人以上の世帯の消費について調査した。もとのデータは総務省家計調査なのだが、2013年（平成25年）から2022年（令和4年）までの10年間の累計を、地元と全国平均で比較し、その差が大きかった食品についても公表された。

総合1位は長崎市のカステラで、全国平均の6・8倍、累計支出額は5万8772円だ。福島市のモモは総合2位で、地元消費は全国平均の5・8倍と果物では突出していた。福島市の10年累計支出額は6万4700円であった。

他の果物はどうであったかというと、総合5位鳥取市のナシは全国平均の4・4倍、7万8900円、総合6位の水戸市のメロンは全国平均の3・6倍、3万8049円であった。支出額だけ見ても、福島市民のモモ愛、鳥取市民のナシ愛、水戸市民のメロン愛がよく伝わる結果である。

福島県だけにしか期待されなかった「あかつき」

モモで真っ先に頭に浮かぶ品種名は何だろうか。おそらく「白鳳」「川中島白桃《かわなかじまはくとう》」「清水白桃」「あかつき」といったところだろう。だが栽培面積1位の品種は、2007年（平成19年）以降「白鳳」から「あかつき」に変わっている。

「あかつき」には福島県産のイメージがついているが、「白鳳」と同じ神奈川県で生まれた。こちらは県の試験場ではなく、大野町《おおのまち》（現平塚市）にあった農林省農業技術研究所園芸部（現農研機構果樹茶業研究部門）が、1952年（昭和27年）に「白桃」に「白鳳」を交配して育成した品種である。

日本一となった「あかつき」ははじめから期待された品種ではない。それどころか見込みがないと、試作評価をした国と12の県に一度見限られた過去がある。おいしさに期待は寄せられたものの、誰がどう栽培しても200gのSサイズにすら達しない小さな果実では、生産者を苦しませるのが目に見えている。試作打ち切りの判断は妥当だと思われた。

ところが、福島県だけがまだ名もなきこの新品種の可能性に賭ける決断を下し、県の予算で試作を継続したのである。そしてモモに転作したばかりの若手農家のもとで、はじめて大きな果実を実らす姿を見せたのだ。多肥栽培というモモでは常識外れの栽培方法が、欠陥品種の潜在能力を発揮させたためであった。

「あかつき」の名が与えられたのは1979年。こうして福島県果樹試験場(現農業総合センター果樹研究所)が特別な栽培方法を見出して以降の話なのだ。国が育成した品種にもかかわらず、名づけ親が国ではなく県となったのは異例であった。福島県がモモの産地として全国に知られるようになったのも、「あかつき」に動かされたからだといえる。

中生の「あかつき」が出回るのは8月上中旬。「暁星《ぎょうせい》」は「あかつき」の収穫時期が約10日早くなった枝変わりの早生品種だ。福島県伊達郡伊達町の佐藤《さとう》孝雄が発見し、1986年に品種登録された。

知っておきたい近年の主力品種

2022年(令和4年)の生産面積では、「あかつき」「川中島白桃」「白鳳」がトップ3を占めた。1000haを超えているのはこの3品種だけだ。

「あかつき」は、味の濃さと食べごたえのある果肉が印象に残る。福島県産が多いのも特徴で、山梨県の5・8倍にもなる。福島のモモといえばあかつき、は数字でも確かなのである。

晩生の主力品種「川中島白桃」は、「あかつき」とは異なり、山梨県、福島県、長野県のトップ3が、同程度ずつ生産している。「川中島白桃」の実は「あかつき」よりも一回り大きく、味はすべてにバランスが取れている印象だ。「川中島白桃」は花粉がないため人工授粉が必要で、手間がかかる品種なのにもかかわらず、まだ対抗馬は現れていない。

「川中島白桃」を育成したのは、長野県更級《さらしな》郡川中島町《かわなかじままち》（現長野市川中島町）四ツ屋《よや》の池田正元《いけだまさよし》だ。池田がモモの品種改良に取り組んで7年目、「上海水蜜桃」に「白桃」を交配した組み合わせから1960年（昭和35年）に得られた。「池田白桃」の名前で売られはじめていたのだが、1977年に「川中島白桃」の名前が与えられた。おいしさに加えて、栽培上の欠点がほかになかったことから普及した。

「白鳳」は山梨県の主力品種。山梨県の次に「白鳳」を多く栽培しているのは和歌山県だ。

上位3品種に続いて「日川白鳳」「なつっこ」「清水白桃」「まどか」「浅間白桃」「夢みずき」「黄金桃《おうごんとう》」「加納岩白桃《かのういわはくとう》」の順で並ぶ。これらの栽培面積はそれぞれ100haを超えるレベルである。

山梨県期待の「夢みずき」と岡山県期待の「おかやま夢白桃」

3大品種「あかつき」「川中島白桃」「白鳳」が育成されたのは、それぞれ1952年（昭和27年）、1960年、1933年と、いずれも60年以上前の品種である。農家である個人育種家、国、県が競い合って次々と新品種を生み出してはいるものの、なかなか大御所たちを脇に追いやるだけの勢いのある新人が現れない。

果実が傷つきやすいモモは、収穫に手間がかかる。脚立を持ち歩いて上り下りしながら、ひとつひとつの実の熟《う》れ具合をしっかり確認しなければならない。モモの生産者は、収穫時期が重ならないように早生から晩生まで数多くの品種を栽培することで、収穫と出荷作業を平準化している。したがって他の果物とは異なり、ある特定の超優秀な品種だけに絞って大量生産することは基本的にはないのだ。したがって新人品種にも舞台に立つチャンスは与えられやすい。

そんななかでついに若手の有望株が登場した。山梨県果樹試験場が２０１３年（平成25年）に育成した「夢みずき」である。２０００年に「浅間白桃」に「暁星」を交配した組み合わせから得られた。

「夢みずき」がここまで期待を集めるのにはわけがある。「白鳳」と比べて一回り大きく、誰でも「白鳳」よりも甘く感じる味の差があるうえ、繊維質が少ないために食感がとてもよい。「白鳳」よりも少し早く収穫を始められる点も生産者に支持されている。「夢みずき」は山梨県内だけでしか生産されない品種だが、完全山梨県オリジナルのモモとして、今後どれだけ消費者に名前が浸透していくか楽しみだ。

２０２２年（令和4年）のモモの収穫量は、山梨県の３万５７００ｔに対して岡山県は６５８０ｔであった。岡山県は山梨県の５分の１にも届かず。県別の順位も第６位だ。

山梨県と岡山県とで、ここまで差が開いていたとは意外に思うかもしれない。量以上に、岡山県に対するモモのイメージが強いためだろう。桃太郎伝説の地だからというのはもちろんのこと、やはり個人で白桃をブランディングした松田利七の貢献が大きいといえよう。

岡山のモモといえば「清水白桃」につきる。「清水白桃」は他県ではほとんど生産されないため、いまだに人気も抜群だ。ただ品種改良が進み、より甘く大きな品種が増えてきて、消費者が相対的にもの足りなさを感じはじめてもいた。次世代の白桃の投入は急務であった。

「おかやま夢白桃」は岡山県立農業試験場（現農林水産総合センター農業研究所）が育成し、2005年に品種登録された。外観が美しく「清水白桃」よりも大きくて甘いのが特徴である。「清水白桃」よりも少し収穫時期が遅いことも、作業面で生産者には喜ばれている。一方で「清水白桃」と異なり「おかやま夢白桃」は花粉がないため、人工授粉の手間がかかる。さらに生産量が増えるにつれ、当初把握できなかった欠点も見つかった。「おかやま夢白桃」用の栽培技術の確立が急務となっている。

「おかやま夢白桃」が「清水白桃」を追い抜けるかについては、ブランド力を含めて「清水白桃」よりも好きだという消費者をどれだけ増やせるかにかかっている。

モモとは思えないほど硬いモモ

消費者にとって、モモの品種名が好みの味を選ぶのに役立っているのかというと、決してそのようなことはない。なぜなら品種の違いによる味の差が、モモにはあまりないからだ。それ以上に、栽培の出来不出来で渋みや苦みが強くなってしまう。よくよく味わえば、たしかに渋みや苦みの出やすさには品種間差がある。ただこれとて、消費者にとってはほとんど気にならないレベルだ。味については基本的に大満足。好みの差は味よりも硬さに現れる。これもモモという果物の個性のひとつなのかもしれない。

モモは水蜜桃とも呼ばれる。この名のごとく果汁がしたたる柔らかい品種が「白鳳」「日川白鳳」「清水白桃」などで、硬めの品種が「川中島白桃」であった。「あかつき」も登場した頃は果肉がしっかりしている印象を与えた。ところが最近、「川中島白桃」ですら柔らかい品種だと感じてしまうほど、果肉が硬い品種が登場してきている。

「おどろき」「美晴白桃《みはるはくとう》」「CX」などは、いつまでもカリカリとした食感を保つ。もはやモモではなくリンゴに近い歯ごたえだ。それなのに香りはモモそのものだから、何を食べているのかよくわからなくなってしまう。これはこれで新鮮な食体験になる。

モモは冷やすと甘くなくなる果物の代表格

モモは冷やしすぎてはいけない果物の代表格だ。

果物の果肉には2～3種類の糖が含まれる。果糖とブドウ糖、場合によってショ糖だ。ブドウ糖とショ糖は温度変化によって甘さが変わらないのに対して、果糖は温度が低ければ低いほど甘みが増す性質を持つ。しかもブドウ糖とショ糖よりも甘みが強い。つまり果糖の含有量が多い果物であれば、冷やすとより甘くなるため冷やしたほうがよいということになる。

果物側の要因のほかに人間側の都合もある。舌の味覚も温度変化に大きく影響を受けるからだ。個人差はあるものの、甘みに対する味覚は30℃プラスマイナス5℃程度の幅でもっとも強くなる。逆に、冷やせば冷やすほど甘みに対して鈍感になってしまう。

したがって果糖の含有量と含有比率がともに低い果物は、冷やさないほうが甘みは強く感じられる。果糖が少ない果物の代表がモモなのである。柑橘、イチゴ、メロンなどもそうだ。

逆に果糖が多い果物の代表はブドウであり、その名のとおりブドウ糖も多く含む。そのため冷やしても甘みが薄れたようには感じられない。リンゴ、ナシ、サクランボ、スイカなどは冷やして構わないタイプだ。

モモは人間と共生することを選んだ

山梨県のモモの収穫最盛期に、南アルプス市のひしけい農園を訪ねた。ここ峡西《きょうさい》地区は山梨県で「上海水蜜桃」「天津水蜜桃」がもっとも早く植えられた土地柄だ。また、昭和40年代の国営釜無川右岸土地改良事業で畑地の灌漑が整備され、米も作れず他の作物も育たないような土地が、果物の大産地に変わった地域でもある。

現在、ひしけい農園ではモモとサクランボを生産している。モモは収穫時期が重ならないように、最新品種の「夢みずき」を含めて8品種を栽培。以前はブドウも作っていたそうだ。山梨県のモモの収穫量は1979年（昭和54年）の8万8200tがピークである。2022年（令和4年）の3万5700tの約2・5倍ものモモが生産されていたのだから、当時の忙しさたるや、いま思い返せば考えられないほどだったという。

園主の功刀長夫《くぬぎながお》はこんな話をしてくれた。

「モモはもぐのがとても難しく一番手がかかる作業です。だから東北からの出稼ぎ労働者によって支えられていた時代がありました。収穫時期には、朝4時から夜の8時まで働くのがふつう。本当にみんなよく働きました」

奥様がこう続けた。

「あの頃は出稼ぎ労働者向けに洋服を売りにくる業者がいたんです。休みの日もなくみんな働くでしょ。どこにも遊びに行けないからお金は貯《た》まる。楽しみは買い物ぐらい。だから女性たちはみんなよい服を着ていました。雇っている側のほうがみすぼらしい格好になっちゃってね」

東北からの出稼ぎは冬だけだと思い込んでいた私には、新鮮な驚きだった。

それよりも仰天したのは、昨年耕作放棄されたという隣の桃園を指して出た功刀の次の発言だった。

「モモの木は管理をしないと2年で枯れるんです。ウメぐらいの大きさの実をびっちりならせて、そのまま枯れちゃう。枯らそうとしなくても。もともとはそんなにもたくさんの実をつける植物ではなかったからなんでしょうかね。栽培しているモモは、摘蕾《てきらい》、摘花、摘果と人間が余計な実をつけないようにしていますから」

毛が抜けることのない突然変異個体が家畜化されたヒツジは、自然界で生きながらえるのは難しい。まさかモモが、ヒツジ以上に人間社会に適応していたとは思いもしなかった。

近代文明が急速な発展を遂げてきたなかで、モモは魔を払う神聖な果実から人間と共生する植物に変わった、という見方もできるのかもしれない。

江戸時代の古品種たちに会える場所

農作物の品種にも、はやりすたりがある。期待の新品種であったとしても、ふと気づけば食べるどころか姿を見ることすら叶わない。流行品と同じでこれが当たり前の世界だ。

だが、私たちがいま食べている品種の祖先ともいえる昔の品種たちを、誰もが無料で間近に観察できる果樹古品種園という場所がある。それも東京駅から徒歩圏内にだ。

皇居東御苑は、１９６８年（昭和43年）に一般開放された皇居付属の庭園だ。北側の北桔橋《きたはねばし》門《もん》から入ってすぐのところには、いまは天守台しか残されていないが、かつて江戸城天守閣がそびえ立っていた。天守閣の目の前（南側）には、あの大奥、その先には中奥があった。中奥のさらに南、かつて本丸の大広間があった場所に果樹古品種園はある。

ここには、モモ、スモモ、柑橘、カキ、ナシ、リンゴの6品目、計22品種、主に江戸時代、古いものでは鎌倉時代に発見された品種が植えられている。

モモは「おはつもも」と「薬缶《やかん》」の2品種、スモモは「米桃《よねもも》」と「万左衛門《まんざえもん》」の2品種だ。また、柑橘では「紀州みかん」「臭橙《かぶす》」「三宝柑《さんぼうかん》」「クネンボ」「江上文旦《えがみぶんたん》」の5品種が、カキでは「禅寺丸」「豊岡」「堂上蜂屋」「祇園坊」「四ツ溝」の5品種が植えられている。

果樹古品種園は、上皇陛下が天皇陛下であった2008年（平成20年）に整備された。江戸城の跡である皇居東御苑に江戸時代の果樹を植えれば、訪れる人々にとっても興味深いことではないかとの、陛下のお考えによってであった。

江戸の人味ひしならむ果物の苗木植ゑけり江戸城跡に

果樹古品種園に植樹された際に詠まれた上皇陛下の御歌である。

江戸城天守台の東側には、8面体の変わったデザインの建築物がある。この建物は、1966年に香淳《こうじゅん》皇后（昭和天皇の皇后）の還暦を記念して建てられた、雅楽専用の音楽ホールなのだ。香淳皇后のお印が桃であったことにちなみ、桃華楽堂《とうかがくどう》という名が与えられている。

おわりに

私と果物との接点は、生まれる前からはじまっていた。新宿区の生家には3坪程度の庭があり、私よりも年上の柿の木が2本植えられていたからだ。1本は庭の大半を覆っていた不完全渋柿。私自身の渋味の記憶を遡ると、この不完全渋柿にたどり着く。もう1本は若い完全甘柿だった。この木の初なりに立ち会えたうれしさも印象深い。全面びっちりゴマが入る四角い実だったから、おそらく「次郎」だったのだろう。味と食感も記憶と一致する。

空を見上げ、先端を加工した竹の棒で収穫する楽しさ。果肉とヘタの隙間からひょっこり顔を出すヘタムシの恐怖。落ちた果実の鼻を突く臭い。4月の芽吹きと柔らかく優しい印象の若葉。振り返れば、あの2本の柿の木に動かされて私は植物の世界に入ってしまった気がする。

ところが、私にとってのカキ本来のおいしさの最も早い記憶は、いただきものの「富有」をはじめて口にしたときの衝撃だ。見た目や大きさだけでなく、そのうまさは我が家のカキの延長線上には存在しない、まるでまったく別の果物だった。

子供の頃の果物の記憶としては、あたりまえのように箱買いしていた温州みかんのほうが強い人も多いはず。大人と同じように自分の手で皮をむいて食べられたときの達成感。一方で、表皮にできる青カビを触ってしまったことや腐りかけた果実の臭いだって、いまとなればミカンの味よりも懐かしい思い出だろう。

厚生労働省が調べた国民1人1日あたりの果物の摂取重量は、96・4g。もっとも多かった1975年の193・5gから半減した。特に若い世代の果物離れは著しい。菓子やスイーツのほうが果物よりもおいしくて割安だという印象を与えてしまっているせいだ。果物だっておいしく改良されてきてはいる。だが、もはや味で勝負しても勝ち目は薄い。果物ならではの魅力を伝えるとすれば、生き物である植物の果実だという事実と果物ならではの物語、だと私は信じている。そのためのひとつの切り口が「果物×歴史」のかけ算、すなわち本書のコンセプトというわけだ。

農作物の生い立ちを知ることや品種の個性に気づくことは、すなわち歴史を味わう味覚が鍛えられた証明にほかならない。言い切ってしまえば、まったく同じものを食べたとしても、よりおいしくよりありがたく感じられるようになる。まさに日常生活がモノクロからカラーに、食のシーンが二次元から三次元に変化したくらいの違いをもってだ。

本書がここまで味わい深い内容に仕上げられたのは、快く取材に応じてくださった多くの方々のおかげだ。また、正確さという観点では、公益財団法人中央果実協会の皆さん、千葉大学園芸学研究院の大川克哉先生、メルシャンのエグゼクティブ・ワインメーカー安蔵光弘さんに、貴重な助言をいただいた。あらためて御礼申し上げます。

食を通じたウェルビーイングに、本書が少しでも役立つことを願ってやみません。

巨峰開植50周年記念実行委員会編『巨峰物語——巨峰を愛し守り続けた田主丸の人びとその涙と苦闘の半世紀』花書院、2007
小林章『文化と果物——果樹園芸の源流を探る』養賢堂、1990
坂本箕山『神谷伝兵衛』坂本辰之助、1921
木島章『川上善兵衛伝』サントリー、1992
仲田道弘『日本ワイン誕生考——知られざる明治期ワイン造りの全貌』山梨日日新聞社、2018
農文協編『ブドウ大事典』農山漁村文化協会、2017

第4章　イチゴ

『静岡いちごのあゆみ』静岡県経済部園芸課、1966
鵜飼保雄・大澤良編『品種改良の日本史——作物と日本人の歴史物語』悠書館、2013
上野攻『新宿御苑——誕生までの三二〇年とその後』文芸社、2019
福羽逸人著、環境省自然局監修、国民公園協会新宿御苑編『福羽逸人回顧録解説編』国民公園協会新宿御苑、2006
西尾敏彦『農業技術を創った人たちⅡ』家の光協会、2003
小林収『塩川伊一郎評伝——浅間山麓の先覚者』竜鳳書房、1996
齋藤義政『くだもの百科　復刻版』飛鳥出版、2005
馬場桂一編『下野人物風土記　第2集』栃木県連合教育会、1973
橋本智『とちぎ農作物はじまり物語』随想舎、2009

第5章　メロン

青葉高『日本の野菜』八坂書房、2000
北海道野菜史研究会編著『北海道野菜史話』小南印刷、2015
豊田祐一『夕張メロン』北海道テレビ放送、1977
大隈侯八十五年史編纂会編『大隈侯八十五年史　第3巻』原書房、1970
サカタのタネ『サカタのタネ100年のあゆみ——passion in seed 事業編』サカタのタネ、2013
不破義信『孤児の父五十嵐喜広の生涯』不破義信、1981

第6章　モモ

岡長平『桃の恩人達』岡長平、1944
三宅忠一『岡山の果物——果物の百年史』日本文教出版、1968
富樫常治『神奈川県園芸発達史』養賢堂、1944
磯貝正義・飯田文弥『山梨県の歴史』山川出版社、1999
有岡利幸『桃』法政大学出版局、2012
農文協編『モモ・スモモ大事典』農山漁村文化協会、2021

主要参考図書

第1章　柑橘

農文協編『カンキツ大事典』農山漁村文化協会、2024

農林省蚕糸園芸局監修、果樹農業発達史編集委員会編『果樹農業発達史』農林統計協会、1972

農林水産省農林水産技術会議事務局昭和農業技術発達史編纂委員会編『昭和農業技術発達史　第5巻　果樹作編・野菜作編』農林水産技術情報協会、1997

八木宏典・西尾敏彦・岸康彦監修、大日本農会編『平成農業技術史』農文協プロダクション、2019

山中四郎『日本缶詰史　第2巻』日本缶詰協会、1962

川久保篤志『戦後日本における柑橘産地の展開と再編』農林統計協会、2007

木村好兵衛『津久見柑橘史』津久見柑橘史刊行会、1943

福岡県社会教育課編『立花寛治伯』福岡県社会教育課、1929

広井亜香里『「柑橘」の教科書――ようこそ、柑橘の世界へ』NPO法人柑橘ソムリエ愛媛、2020

第2章　カキ

今井敬潤『柿』法政大学出版局、2021

岸本修編『日本のくだものと風土』古今書院、1992

日本学士院日本科学史刊行会編『明治前日本農業技術史』日本学術振興会、1964

瑞穂市柿振興会編『富有柿発祥の地瑞穂市――福嶌才治さんありがとう』岐阜新聞社、2020

柿生禅寺丸柿保存会『郷柿誉悠久――柿生に生まれた川崎の禅寺丸柿　柿生禅寺丸柿記念誌』柿生禅寺丸柿保存会、2005

菊池秋雄『果樹園芸学　上巻』養賢堂、1951

第3章　ブドウ

玉利喜造『明治園芸史』有明書房、1975

青木歳幸『江戸時代の医学――名医たちの三〇〇年』吉川弘文館、2012

農林水産省農林水産技術会議事務局昭和農業技術発達史編纂委員会編『昭和農業技術発達史　第1巻　農業動向編』農林水産技術情報協会、1995

三宅忠一編『岡山の果樹園芸史　続』岡山県経済農業協同組合連合会、1975

竹下大学（たけした・だいがく）

1965（昭和40）年，東京都生まれ．1989年，千葉大学園芸学部卒業．キリンビールに入社後，新規事業としてゼロから育種プログラムを立ち上げ，同社アグリバイオ事業随一の高収益ビジネスモデルを確立．国内外で130品種を商品化．2004年には，All-America Selections が，北米の園芸産業発展に貢献した品種を育成した育種家に贈る「ブリーダーズカップ」の初代受賞者に，世界でただ一人選ばれた．一般財団法人食品産業センター勤務等を経て独立．農作物・食文化・イノベーション・人材育成・健康の切り口から，様々な情報発信やコンサルティング等を行っている．技術士（農業部門）．J.S.A. ソムリエ．NPO 法人スマート・テロワール協会顧問．NPO 法人テクノ未来塾理事．

著書『どこでも楽しく収穫！　パパの楽ちん菜園』（講談社，2010年），『植物はヒトを操る』（いとうせいこうと共著，毎日新聞社，2010年），『日本の品種はすごい』（中公新書，2019年），『野菜と果物　すごい品種図鑑』（エクスナレッジ，2022年）など．

日本《にほん》の果物《くだもの》はすごい
中公新書 *2822*

2024年 9 月25日発行

著　者　竹下大学
発行者　安部順一

本文印刷　三晃印刷
カバー印刷　大熊整美堂
製　　本　小泉製本

発行所　中央公論新社
〒100-8152
東京都千代田区大手町 1-7-1
電話　販売 03-5299-1730
　　　編集 03-5299-1830
URL https://www.chuko.co.jp/

Published by CHUOKORON-SHINSHA, INC.
Printed in Japan　ISBN978-4-12-102822-8 C1261

中公新書

自然・生物

s1

- 2305 生物多様性　本川達雄
- 2813 ダーウィン　鈴木紀之
- 2414 入門！進化生物学　小原嘉明
- 2433 すごい進化　鈴木紀之
- 2763 「利他」の生物学　鈴木正彦・末光隆志
- 1647 言語の脳科学　酒井邦嘉
- 2731 物語 遺伝学の歴史　平野博之
- 2793 化石に眠るDNA　更科　功
- 2736 ウイルスとは何か　長谷川政美
- 2656 本能―遺伝子に刻まれた驚異の知恵　小原嘉明
- 1709 親指はなぜ太いのか　島　泰三
- 1087 ゾウの時間 ネズミの時間　本川達雄
- 2419 ウニはすごい バッタもすごい　本川達雄
- 2677 エビはすごい カニもすごい　矢野　勲
- 2790 ウマは走る ヒトはコケる　本川達雄
- 2759 都会の鳥の生態学　唐沢孝一
- 2788 生き物の「居場所」はどう決まるか　大崎直太
- 2693 カラー版 クモの世界―糸をあやつる8本脚の狩人　浅間　茂
- 2539 カラー版 虫や鳥が見ている世界―紫外線写真が明かす生存戦略　浅間　茂
- 2259 カラー版 スキマの植物図鑑　塚谷裕一
- 2174 植物はすごい　田中　修
- 2328 植物はすごい 七不思議篇　田中　修
- 2491 植物のひみつ　田中　修
- 2644 植物のいのち　田中　修
- 2732 森林に何が起きているのか　吉川　賢
- 2572 日本の品種はすごい　竹下大学
- 2735 沖縄のいきもの　盛口　満
- 1769 苔の話　秋山弘之
- 939 発　酵　小泉武夫
- 2408 醤油・味噌・酢はすごい　小泉武夫
- 2672 南極の氷に何が起きているか　杉山　慎
- 2822 日本の果物はすごい　竹下大学